Tanja Doboczky

Liebe auf den zweiten Blick

Step by Step
in die persönliche und finanzielle Freiheit

| Inhalt

| Prolog

Montag Mittag, Anfang Oktober. Noch einmal grüßt der Spätsommer und schickt die vielleicht letzten wärmenden Sonnenstrahlen dieses Jahres von einem wolkenlos blauen Himmel herunter. Ein herrlicher Tag und die Besucher am Rande des Wörthersees genießen die tanzenden Lichter auf dessen Oberfläche. Auch ich gehöre zu ihnen, freue mich über diesen wunderschönen Anblick, während ich langsam mit meinem SUP, einem Surfbrett mit einem Stechpaddel, weiter auf den See hinausfahre.

Ich genieße Momente wie diesen, Momente, in denen ich genau das tun kann, wonach mir der Sinn steht. Dabei ist es vollkommen egal, wann und wo mir diese einzigartigen Augenblicke begegnen – ich habe gelernt, die Augen zu öffnen und sie zu finden, denn sie sind überall um uns herum.

Für einige drängt sich vielleicht die Frage auf, warum ich nicht wie jeder andere anständige Bürger um diese Zeit einer geregelten Arbeit nachgehe und meine Brötchen verdiene, anstatt auf einem See herumzupaddeln und mich der Magie des Augenblicks zu erfreuen. Die Antwort hierauf ist denkbar einfach: Das tue ich doch, nur ein wenig anders, als ihr es bisher kennt!

Nein, ich bin nicht mit dem vielzitierten goldenen Löffel im Mund geboren. Ganz im Gegenteil, ich stamme aus keinen wohlhabenden Verhältnissen und sah mich außerdem von der ersten Sekunde meines Lebens an einigen Widrigkeiten ausgesetzt, die es erst einmal zu umschiffen galt. Und trotzdem habe ich all das geschafft, was ich mir erträumt habe.

Solltest du dir die Frage stellen, warum ich der Meinung bin, ein Buch über mein Leben und meine Erfahrungen zu schreiben, so ist dies recht leicht zu beantworten. Ich durfte erfahren, wie man es schafft, das eigene Leben ganz und gar nach seinen eigenen Vorstellungen gestalten zu können, wie man erfolgreich wird, indem man andere unterstützt, wie man Familie und Beruf perfekt vereinigen kann und wie man die beste Version seiner selbst wird. Und damit spreche ich jeden an, der dieses Buch in seiner Hand hält, denn wirklich jeder kann es schaffen, ohne dabei über außergewöhnliche Fähigkeiten oder Talente zu verfügen. Ich will vor allem denjenigen Mut machen, die an sich selbst zweifeln und bewundernd auf die anderen sehen, die „es geschafft haben". Wahrscheinlich haben diese erfolgreichen Menschen nur einige Chancen genutzt, die andere haben liegenlassen.

Apropos Chancen: Ich bin dankbar, dankbar für die Möglichkeiten, die mir das Leben gegeben hat. Möglichkeiten, die ich genutzt habe. Und der Weg eines jeden Lebens ist gepflastert mit diesen Chancen. Man muss sie einfach nur erkennen und aufnehmen. Für mich war es Network-Marketing, das mir das alles ermöglicht hat. Dieses System war die besondere Chance, die ich ergriffen habe und aus der Hunderte neue Chancen erwachsen sind.

Aber es gab noch einen weiteren Grund, der mich zum Schreiben dieses Buches animiert hat. Ich lernte in meinem Leben, wie aus dem mir in frühester Kindheit eingetrichterten Glaubenssatz „Ich schaffe das nicht" die Erkenntnis wuchs, dass ich doch über so viel verfüge, was mich zu etwas Besonderem macht. Ebenso besonders wie auch du es bist – und deshalb wird es jetzt für dich Zeit, die Chancen zu ergreifen, die dieses Leben dir bietet. Und du wirst sehen, dass du es auch schaffen kannst, denn sogar ich habe das hinbekommen 😊

Kapitel 1:
Auf die Plätze, Fertig, LOS!

Schlechter Start und ein schwerer Rucksack

Die frühen Jahre eines Lebens bilden ja bekanntermaßen die Grundlage für sehr vieles, was später noch folgen wird. Auch meine Kindheit stellte hier keine Ausnahme dar. Dabei kamen in meinem Fall allerdings einige Dinge zusammen, die ein wenig außergewöhnlich waren und die die Grundlagen dafür legten, dass ich ausgeprägten Kampfgeist, überzeugte Willenskraft und ein sehr eigenständiges Denken entwickelte. Anders gesagt wurde die Basis für ein Mädchen geschaffen, das ein kleiner, dickköpfiger Rebell war, der manchmal zum Alptraum für Eltern und Lehrer werden konnte und der sein Leben nicht behütet im Bettchen liegend an sich vorbeiziehen lassen wollte. Aber beginnen wir am besten ganz am Anfang.

Ich erblickte in dem wunderschönen Städtchen Klagenfurt (Österreich) das Licht der Welt. Klagenfurt ist so überaus anschaulich, dass die knapp 100.000 Einwohner sich Jahr für Jahr über ausufernde Touristenströme freuen können, die die Nähe zum Wörthersee und die alpine Landschaft genießen wollen. In den Zeiten, in denen die Saison ruhte, war es dagegen eher still.

Wenn ich über Ruhe spreche, so muss ich unwillkürlich an mein Elternhaus denken. Ich wuchs in sogenannten „einfachen Verhältnissen" auf, in denen es meiner Familie und mir jedoch an nichts mangelte. Mein Vater und meine Mutter sind gehörlos und aufgrund dessen herrschte bei uns permanente Stille, zumindest was die herkömmliche Art familiärer Kommunikation betraf. Lediglich mit meiner älteren Schwester konnte ich mich so unterhalten, wie es andere Menschen als „normal" empfanden. Ansonsten kommunizierte meine Familie in Gebärdensprache, was ich bis zu einem gewissen Punkt als vollkommen normal empfand. Zu Hause herrschte das „Saving Words"-Prinzip vor, denn es wurde nur das Notwendigste gesprochen (ob nun in Gebärdensprache mit meinen Eltern oder verbal mit meiner Schwester). Bis heute halte ich mich in der Kommunikation kurz und knapp, was wahrscheinlich darauf zurückzuführen ist, dass wir mehr mit Händen als mit Worten kommunizierten – und in der Gebärdensprache ist die Menge der Worte auf das Wesentliche reduziert.

Die zweite Komponente, die meine Kindheit wesentlich beeinflusste, war mein labiler Gesundheitszustand. Ich musste viel Zeit im Bett verbringen und sollte mich stets und ständig von anstrengenden Aktivitäten fernhalten. Was für eine Strafe für ein lebhaftes und neugieriges Kind, das so viel wie nur irgend möglich erleben wollte! Natürlich war ich überhaupt nicht mit derlei Bevormundungen einverstanden und so prägte sich zum Leidwesen meiner Eltern bereits sehr früh meine rebellische Wesensart, die noch dadurch unterstützt wurde, dass meine Mutter, mein Vater sowie das gesamte persönliche Umfeld mich verständlicherweise schonen und schützen wollten – so wie es liebevolle und besorgte Eltern nun einmal tun, es allerdings von den Kindern nicht immer so verstanden wird. Ich selbst empfand mich natürlich als absolut ebenbürtig und hatte deshalb nicht das geringste kindliche Verständnis für Aussagen wie „Tanja, du musst dich schonen.", „Tanja, du kannst das nicht.", „Tanja, du schaffst das nicht.". Dabei, so weiß ich heute, war die Sorge der anderen durchaus gerechtfertigt, denn mein Körper war noch nicht bereit für größere Belastungen.

Ein Kind hält nichts davon, bestimmte Sachverhalte einer eingehenden Für- und Wider-Überlegung zu unterziehen. Im Gegenteil, es gibt in solchen Fällen meist nur eine spontane Reaktion, und die hält man (Kind) dann natürlich auch für die einzig wahre Schlussfolgerung. Bei mir war es ein Gedanke, der sich tief in mir manifestierte: „Ich will weg! Weg aus Klagenfurt und am besten auch weg aus Kärnten!" Ich wollte alles hinter mir lassen, was mich in meinem Verständnis kleiner halten wollte, als ich mich selbst sah.

Unterstützt wurden diese rebellischen Träumereien durch eine Weggefährtin, die ebenso dachte wie ich und mir in all ihrem Tun und Handeln als Vorbild diente. Ihr Name war Pipi Langstrumpf. Ebenso wie sie wollte ich frei leben und selber entscheiden, was ich tun und lassen will. Ich war überzeugt, ebensolche Superkräfte zu besitzen wie Pipi, wollte die gleichen Abenteuer erleben und der Lehrerin, Frau Prüsselius oder wie Pipi und ich sie nannten „die Prüsseliese", ungehemmt meine Meinung sagen. Ich wollte mit unserem Äffchen Herrn Nilson und dem Pferd Kleiner Onkel gegen Blut-Sventje und Messer-Joche kämpfen. Und meine Eltern? Die hätte ich ja ab und zu in Taka-Tuka-Land besuchen können. Doch leider holten mich die Realität meiner Kindheit und mein Lebensumfeld Kärnten immer wieder ein.

So wuchs ich mit einem unerfüllten Wunsch auf, von dem, außer Pipi und mir, niemand wusste. Allerdings äußerte sich in meiner Wesensart immer deutlicher, dass ich unzufrieden war. Permanent hinterfragte ich Dinge, verurteilte gängige Konventionen, wurde frech und noch rebellischer, als ich es ohnehin schon war. Dies zeigte sich vor allem in der Schule. Die Lehrer hatten ihre größte Mühe mit mir. Immerhin entlastete ich sie dadurch, dass ich regelmäßig nicht nur einzelnen Unterrichtsstunden, sondern gleich dem gesamten Schulbetrieb fernblieb. Während der Pubertät nahmen die Konflikte weiter zu und ich machte keinen Unterschied mehr zwischen Eltern, Mitschülern und Lehrern. Für mich waren sie alle die Prüsseliese!

Trotzdem, und dies mag zu meiner Ehrenrettung gesagt sein, waren meine Leistungen in dieser Zeit durchweg gut, was vor allem dem Lehrkörper-Kollegium missfiel, denn so fehlte ihnen die Grundlage für eine vernichtende „Wenn-Verhalten-schlecht-dann-auch-Zensuren-schlecht"-Reaktion. Und auch meine Eltern waren guter Dinge, besaß ich doch ein gewisses Maß an Phantasie, mit der ich meine häufige Schwänzerei immer wieder glaubhaft erklären konnte. Schade, dass es dafür nicht auch ein eigenes Unterrichtsfach gab. Ich wäre eine wirklich vorbildliche Einser-Kandidatin gewesen.

Zusammenfassend würde ich (aufgrund der falschen Unterrichtsfächer) mein Verhältnis zu der Lehrerschaft dahingehend beschreiben, dass ich eines dieser Kinder war, bei denen man sich als Lehrkraft wohl dachte: „Oh Mann, das muss ich jetzt nicht wirklich haben." Und dies passierte zum einen aufgrund meiner andauernden Suche nach der Möglichkeit, einen Krawall anzuzetteln als auch deswegen, weil ich für die Lehrer auch immer eine Gefahr darstellte, da ich jeden Aspekt, der meiner persönlichen Weltanschauung widersprach, mit ihnen ausdiskutieren wollte. Und, ja, das waren viele…

Es liegt nahe, dass mein schulisches Verhalten sich auch im Privatleben nicht wesentlich besser darstellte. Ich war 14 oder 15 Jahre alt, also vollkommen den pubertären Gehirnverschaltungen ausgesetzt, als mein größtes Ziel war, endlich auszuziehen. Ich wollte auf eigenen Beinen stehen – weg von Klagenfurt, weg von dem Umfeld, das mir einreden wollte, dass ich nichts kann und dass ich mich schonen muss. Weg von denjenigen, die eigentlich nur das Beste für mich wollten.

Nun war und ist es dummerweise so, dass man als Teenager, der sich mit dem Gedanken an eine örtliche Veränderung trägt, seine Wünsche und Vorstellungen nicht sofort erfüllen kann. Schuld daran ist vor allem das liebe Geld, das gerade in diesem Alter nicht leicht zu beschaffen ist. Ich beschloss, mich neben der Schule in verschiedensten Jobs auszuprobieren. Egal, wie viel ich gerade im Kino, in Kaffeehäusern, in Bars oder in Lokalen ackerte – das Geld wollte einfach nicht ausreichen, um eine neue Existenz in einer anderen Stadt aufbauen zu können. Diese deprimierende Erkenntnis machte sich nach und nach in mir breit und ich verstand so langsam, dass die Erfüllung der eigenen Wünsche nicht gerade vom Himmel fällt. Auf der anderen Seite sah ich aber auch die Vorteile, die mein Eifer mit sich gebracht hatten. Während meine Schulkameraden mit ihrem spärlichen Taschengeld ihre Freizeitgestaltung recht dürftig bestreiten mussten, hatte ich weit mehr Euros (damals

waren es noch Schilling) in der Tasche und konnte mir dementsprechend mehr leisten, als es den anderen möglich war. Der größte
Vorteil aber lag darin, dass ich durch die vielen Stunden, die ich auf
der Arbeit verbrachte, viele Erfahrungen sammeln konnte, die mir
später einmal nützlich sein sollten – was mir damals weder bewusst
war noch irgendwie motivierend gewirkt hätte.

Irgendwann, und das mag jetzt alle verzweifelten Eltern auf diesem
Planeten beruhigen, endet jede Pubertät. Es kommt der Moment,
an dem aus den fremden Wesen im eigenen Haus wieder Menschen
werden, die es schaffen, sich ihrer selbst und ihrer persönlichen Ziele klar zu werden. So war es auch bei mir. Nach dem Besuch des
Gymnasiums und der Handelsakademie begann ich, mir Gedanken
über die Zukunft zu machen. Und dies war auch der Moment, an
dem ich mein Leben selbst in die Hand nehmen und beweisen wollte, dass in mir mehr steckt, als das kleine Mädchen, das von jeder
Anstrengung ferngehalten werden musste. Ich hatte gelernt, dass
man Dinge manchmal annehmen muss, wie sie sind, um aus der
jeweiligen Situation das Beste und das Richtige machen zu können.
Also nahm ich meinen labilen Gesundheitszustand als gegeben hin
und schrieb mich zum Studium ein. Natürlich nicht in irgendeinem
versteckten Winkel Österreichs, sondern direkt in der Großstadt
Wien. Trotz aller Euphorie und bester Vorsätze spürte ich jedoch
noch immer den schweren Rucksack auf meinem Rücken, der be-
laden war mit tief verwurzelten Ängsten.

„Tanja, das schaffst du nicht! Du solltest dich lieber schonen!"

Wie das Leben so spielt

Wien, wunderschöne Stadt an der Donau, einstige Heimat von Beethoven und Mozart, heute pulsierende Großstadt mit dieser faszinierenden Mischung aus Moderne und Vergangenheit. Endlich war ich der Einöde Klagenfurts entronnen und an meinem großen Ziel angekommen. Angekommen in der Metropole Österreichs, dort, wo ich eigentlich schon immer hingehört habe. Hier, das war mir klar, würde ich den Grundstein für eine einzigartige Karriere legen – die Raketentriebwerke waren bereits unter meinen Schuhsohlen befestigt und mussten nur noch gezündet werden. Auf geht's zum Studieren und zum wahren Leben, Tanja!

Manchmal ist Ernüchterung wie ein Eimer mit kaltem Wasser, der einem frontal ins Gesicht geschüttet wird. Watsch, man ist plötzlich hellwach und denkt sich: „Oh, das war aber jetzt nicht das, was ich wollte". Bei mir verlief es ähnlich, eigentlich schon nach wenigen Vorlesungen, als ich erkennen musste, dass der Zauber des Studienganges „Marketing" nur allzu schnell verflog und eine ausgeprägte Interessenlosigkeit nach sich zog. Zäh wie alter Kaugummi zogen sich die Vorlesungen dahin und so manches Mal war der Kampf gegen die Müdigkeit weitaus schwieriger als das Verstehen der jeweiligen Inhalte. Doch das Studium war nun einmal Teil meines eingeschlagenen Weges, weswegen ich mir immer wieder sagte: „Auch wenn es mich einen Sch*** interessiert, ich ziehe das hier durch!" Ausdauer ist nun einmal eine Tugend, die so manches möglich macht, was man gar nicht für möglich hält.

Und irgendwann, während einer Vorlesung, als meine Augenlider wieder einmal unmerklich heruntersanken und mein Kopf sich langsam bedenklich der Tischplatte näherte, geschah plötzlich etwas, was mein Leben wie kaum etwas verändern sollte. Der referierende Professor arbeitete sich gerade kapitelweise durch ein Buch (ein beeindruckender Wälzer) unterschiedlicher Marketingformen, als er Kapitel-folgerichtig zu einer weniger bekannten Version überging. Er leitete das neue Thema mit den nicht gerade motivierenden Worten ein:

„Und dann gibt's da auch noch Network-Marketing."

Trotzdem er augenscheinlich kein sonderlicher Verfechter dieser modernen Form des Handels war, faszinierten mich alle Ideen hinter diesem logischen und erfolgversprechenden Modell. Ich war plötzlich hellwach. Trotzdem der Professor kaum mehr als 20 Minuten für dieses Kapitel einräumte, so schoss mir beim Zuhören doch ein Gedanke wie ein Blitz durch den Kopf: *Wow, das ist doch ein System, das mir entsprechen würde.*

Kaum vorstellbar, aber dieser gelangweilte Professor vor seiner nicht weniger apathischen Zuhörerschaft sollte mir genau an diesem Tag den Kompass in die Hand gedrückt haben, der mir die Richtung zum Erfolg zeigen sollte. Noch heute bin ich froh und dankbar, zumindest mit einem Ohr noch der Vorlesung gefolgt zu sein, denn hätte ich diese 20 Minuten verpasst, so würde ich vielleicht noch heute in irgendeiner Agentur sitzen, Werbeanzeigen erstellen und mich fragen, was ich eigentlich in meinem Leben hätte anders machen sollen.

Was war es eigentlich, was mich so aus den kurz bevorstehenden Träumen gerissen hatte? Was hat es mit diesem Network-Marketing auf sich, dass es mich so sehr in seinen Bann zog? Das soll an dieser Stelle kurz beschrieben werden, denn es handelt sich bei Network-Marketing um ein ebenso sinnvolles wie auch geniales Geschäftsmodell.

Von Mensch zu Mensch – Network-Marketing

Um Network-Marketing zu verstehen, sollte man einen offenen Blick auf unsere gesellschaftlichen Gewohnheiten und Wirtschaftskreisläufe werfen und dabei auch deren Widersprüche erkennen (denn Network-Marketing setzt genau hier an). Nehmen wir beispielsweise einmal unser tägliches Einkaufsverhalten. Wir gehen in den Supermarkt und kaufen ein, höchstwahrscheinlich Produkte, die uns schon einmal in der Werbung begegnet sind. Ist der Einkaufswagen dann prall gefüllt, geht es zur Kasse und es macht Piep, Piep und noch ein paar Mal Piep, und wir zahlen. So weit – so bekannt.

Gehen wir doch weiter in die Tiefe: Nehmen wir ein gängiges Produkt, beispielsweise eine Tagescreme für die pflegebewusste Frau von heute. Verfolgen wir den Weg dieses Artikels einmal zurück, so wird er von einem Angestellten des Supermarktes in das Regal verräumt. Das dauert nicht allzu lange, bildet aber letztendlich einen Teil seiner Arbeit, die entlohnt wird. Zuvor wurde die Creme mit vielen anderen Produkten zu dem Supermarkt geliefert. Eine Spedition, die die Ware bereits von einer anderen Spedition entgegengenommen und gelagert hatte, schickte einen Fahrer mit einem LKW zu diesem Supermarkt. Da dies keine soziale Leistung, sondern Teil eines lukrativen Geschäftes ist, stellt die Spedition ihre Dienstleistung dem Supermarkt selbstverständlich in Rechnung.

Versandt wurde die Palette mit Mengen unseres Pflegeartikels ursprünglich vom Hersteller. Dieser nutzt zur Erzeugung seines Produktes Zutaten und Chemikalien, die er wiederum von mehreren seiner Zulieferer erhalten hat. Du siehst, dass die Kette der Einzelpositionen sehr lang ist, bis du letztendlich die Tagescreme aus dem Regal des Supermarktes nehmen und in deinen Einkaufswagen legen kannst. Und dabei haben wir einen sehr wesentlichen und ausgesprochen kostspieligen Punkt noch gar nicht angesprochen: die Werbung.

Um in einem hart umkämpften Kosmetikmarkt erfolgreich bestehen zu können, setzen die Erzeuger hochbezahlte Marketingspezialisten ein, um ihrem Produkt den höchstmöglichen Bekanntheitsgrad zu verleihen. Und so macht sich ein Team aus kreativen Köpfen, Werbetextern, Fotografen oder Filmteams, Layoutern, etc. daran, aus einem mittelmäßigen Produkt ein Must-have für jeden Haushalt zu zaubern. Ist dies erst einmal gelungen, so wird die entsprechende Botschaft für unglaublich hohe Summen platziert – auf Plakatwänden, im Radio, Fernsehen und in den passenden Zeitschriften. Die Creme ist inzwischen zu einem Hochglanzartikel aufgestiegen, der dem Endverbraucher, also auch dir und mir, für einen entsprechend hohen Preis angeboten wird, bevor er letztendlich auf die Haut aufgetragen werden kann. Das funktioniert in der gewohnten Praxis sehr gut, wobei alle am Prozess beteiligten Unternehmen und Dienstleister natürlich für ihre erbrachte Dienstleistung bezahlt werden – und zwar nicht vom Erzeuger oder dem jeweiligen Supermarkt, sondern – du ahnst es schon – letztendlich vom Kunden, also von dir und mir.

Dieses System ist Alltag, jeder akzeptiert es und lässt sein Geld im Supermarkt, weil dies nun einmal der Ort ist, an dem man die Produkte für das eigene Leben gebündelt vorfindet. Trotz allem steht dahinter noch immer die Widersinnigkeit, dass unterm Strich für ein eigentlich günstiges Produkt viel zu hohe Endkosten anfallen. Und genau diese Widersinnigkeit greift Network-Marketing auf und vereinfacht die Prozesse. Wie? Indem die kostspieligsten Faktoren übergangen werden. Und dadurch werden jede Menge Kosten eingespart, was wiederum zwei Stellen zugutekommt: dem Endkunden und als Provision denjenigen Personen, die den jeweiligen Artikel dem zufriedenen Käufer oder der glücklichen Kundin empfohlen haben.

Wie das funktioniert? Ganz einfach: Unternehmen, die ihre Produkte über Network-Marketing vertreiben, bieten jedem die Möglichkeit, Ihren Artikel zu testen und andere Menschen von dessen Güte zu überzeugen. Diejenigen, die in diesem Bereich tätig sind, nennen sich Partner, Berater, Botschafter … Sie selbst nutzen die Produkte, sind von ihnen überzeugt und teilen diese Überzeugung mit anderen Menschen in ihrem persönlichen Umfeld. Dabei ist keinerlei Marketing erforderlich, keine überteuerte Werbung, keine Speditionen, deren LKW-Flotten die Umwelt über alle Maßen belasten und auch keine prallgefüllten Regale in Supermärkten. Kauft ein Kunde ein Produkt, welches ihm von einem Berater persönlich empfohlen wurde, so erhält er dies direkt vom Hersteller. Es liegt auf der Hand, dass bei dieser modernen und logischen Form des Vertriebs viel mehr Geld in die Qualität der Produkte und die Empfehlungsvergütung der Berater fließen kann. Und diese Einfachheit und vor allem Sinnhaftigkeit von Network-Marketing hatte mich von der ersten Sekunde an fasziniert, denn es schien so einfach und logisch zu sein. Und, Jahre später, kann ich aus vollster Überzeugung sagen: Das ist es auch!

Es ist nur zu verständlich, dass der gängige Handel alle nur erdenklichen Geschütze auffährt, um seine hergebrachte Form des Vertriebes zu verteidigen. Man scheut hier den Gedanken an Network-Marketing, denn für jeden, der darüber nachdenkt, liegen die Vorteile dieser modernen Geschäftsform eindeutig auf der Hand und werden sich nach und nach mehrheitlich durchsetzen. Und dabei bin ich an dieser Stelle noch nicht einmal auf den vielleicht wichtigsten Punkt und das größte Argument Pro-Network-Marketing eingegangen: die Menschlichkeit.

Network-Marketing erlaubt jedem, der sich dieser Branche verschrieben hat, ein Leben ganz nach den eigenen Vorstellungen zu führen. Da die Tätigkeit weder einer zeitlichen noch einer örtlichen Bindung unterliegt, teilt man sich seinen Arbeitstag vollkommen frei nach den eigenen Bedürfnissen und Vorstellungen ein. Ein Traum für freiheitsliebende Menschen, Individualisten, Teamplayer, Helfer, Geber, Erfolgsmenschen, Optimisten, Führungspersönlichkeiten, Visionäre, etc. Natürlich ist dies aber auch ein Arbeitsmodell, das familienfreundlicher nicht sein könnte. So bestimmen die Bedürfnisse der eigenen Familie den Tages- und den Arbeitsablauf, nicht umgekehrt. Das Wohl eines jeden einzelnen steht im Vordergrund – wie könnte Arbeit noch menschlicher sein? Dazu zeigen sich Verdienstchancen, die weit über dem Durchschnitt liegen. Der Traum von finanzieller Freiheit kann sich für jeden erfüllen, der nur genug Willen und Energie in seine Tätigkeit setzt. Und dabei erhält jeder die gleichen, großartigen Möglichkeiten, in die Branche einzusteigen, denn es gibt keinerlei persönliche Unterschiede. Weder Geschlecht, Herkunft, körperliche Voraussetzungen oder individuelle Talente spielen eine Rolle. Es zählt einzig und allein der Mensch.

Frag dich doch einfach einmal selbst, wann du dir das letzte Mal gesagt hast: „Das ist etwas, das ich gerne in meinem Leben umsetzen würde. Etwas, das meiner Persönlichkeit, meiner Vorstellung vom Leben und Arbeiten entspricht." Und dann stell dir noch zwei zusätzliche Fragen:

„Was habe ich eigentlich dafür getan, dass ich diesen Wunsch auch Realität werden lassen kann? Habe ich so für dieses Ziel gekämpft, dass es greifbar wurde und ich wirklich darauf hinarbeite?"

Vielleicht hattest du ja auch noch nie so einen Aha-Moment. Dann wird er hoffentlich beim Lesen dieses Buches noch folgen. Ich würde es mir wünschen, denn manchmal sind es die kleinen

Dinge, die man quasi im Vorbeigehen aufschnappt, die ein ganzes Leben ändern können. Bei mir war dies ganz bestimmt der Fall.

Zurück zum Studium. Ich setzte meine Erkenntnis, mit Network-Marketing neben dem Studium Geld zu verdienen, gleich in die Praxis um. Und so heuerte ich auf dem ersten Schiff an, das an mir vorbei steuerte und das irgendwo in Richtung Abenteuer Network-Marketing segelte. Ein Blick auf die Flagge hätte mich allerdings warnen sollen, denn dort stand in großen, weithin lesbaren Buchstaben das Wort „Finanzberatung". Nachdem ich dort begonnen hatte, dauerte es nicht lange, bis ich mir sagte: „Nein, Tanja, hier gehörst du nicht hin."

Es ist mir wichtig, an dieser Stelle darauf hinzuweisen, dass es sich um eine rein persönliche Entscheidung handelte, als ich mich nach kurzer Zeit wieder aus der Finanzbranche zurückzog. Jeder Mensch hat eigene Vorstellungen und unterschiedliche Interessen. Für manche mag eine Beschäftigung in einer Vermögensberatung die Erfüllung eines Traumes bedeuten – für mich war das eben nicht so. Zumindest war ich um eine Erfahrung reicher geworden, denn ich wusste von diesem Zeitpunkt an, was ich nicht wollte. Und dies hatte drei einfache Gründe: Zum einen hatte mich die Thematik überhaupt nicht interessiert, zum anderen merkte ich sehr schnell, dass mir zu viel Hintergrundwissen fehlte, um Menschen wirklich seriöse Geldanlage-Beratungen angedeihen zu lassen. Außerdem fehlte mir jede natürliche Begabung als gute Finanzberaterin.

Mein Tipp:
Wenn du spürst, dass es in deinem Leben eine Richtung
für dich gibt, so folge deinem Gefühl.
Lass dich von ersten Rückschlägen nicht verunsichern,
sondern nimm jede Erfahrung mit. Es ist auch wichtig zu
erkennen, was man nicht will.

Was tut man also, wenn man studiert und zum ersten Mal feststellt, dass man eine Sackgasse betreten hatte? Richtig, man sucht den Weg heraus, was in diesem Falle bedeutete, dass ich den kurzen Ausflug in die Finanzberatung nach nur drei Monaten wieder beendete. Die Vision, weiterhin etwas im Network-Marketing zu machen, hatte sich dadurch nicht im Geringsten verändert. Ich ahnte, nein, ich wusste, dass dies mein Weg sein würde. Allerdings hatte das Schicksal (oder wie immer man es nennen möchte) eigene Pläne für mich, denn ich wurde schwanger. Bingo!

Manchmal macht man Erfahrungen, über die man sich davor keine ernsthaften Gedanken gemacht hat. Aber es hilft in solchen Momenten nicht, einfach den Kopf in den Sand zu stecken. Die Situation war nun einmal aufgekommen und musste genauso angenommen werden, wie sie war. Zu Beginn funktionierte es während der Vorlesungen auch noch recht gut, konnte ich doch mit ein wenig Mühe mich und meinen anwachsenden

Bauch ein wenig umständlich im Hörsaal platzieren. Doch nach der Geburt meines Sohnes Philipp begann eine wirklich harte Zeit. Getrieben von dem eisernen Willen, trotz aller Umstände das Studium erfolgreich und ohne eine zeitliche Verschiebung abzuschließen, lernte ich in jeder freien Minute für die bevorstehenden Prüfungen. Dies wurde erschwert, weil sich mein Baby als durchaus kreativ (lautstark in unheilvoller Paarung mit häufigem Wachsein) herausstellte. Aber ich hatte mein Ziel vor Augen und wollte es erreichen, egal, ob ich dies zuweilen mit einem kleinen Menschen auf dem Schoß und hängenden Augenlidern nachts um halb vier verfolgen musste. Letztendlich schaffte ich es trotz aller Umstände, das Studium erfolgreich abzuschließen.

Das wirkliche Leben konnte für mich nun endgültig beginnen – schließlich hatte ich nun den Abschluss in der Tasche, ein Baby im Arm und den Vater des Kindes an meiner Seite. Es fehlte nur noch eins: der richtige Job. Und so startete ich in Vollzeit als Key Account Managerin bei einer sogenannten „Qualitätszeitung". Meine hauptsächliche Aufgabe war es hier, Online-Anzeigen zu verkaufen, was nicht einfach war, denn die meisten Kunden bevorzugten noch die gute alte, auf Papier gedruckte Werbung. Der Job machte mir Spaß, aber ich spürte, dass es für mein Leben und mich noch etwas anderes geben musste.

Zu allem Überfluss kam es in dieser Zeit zur schmerzlichen Trennung vom Kindesvater. Diese kleinen persönlichen Dramen erwähne ich an dieser Stelle rein aus dem Grund, weil sie später wohl dafür gesorgt haben, dass ich vom Leben in die bestmögliche Richtung bugsiert wurde. Manchmal rennt man eben gegen einige Straßenschilder, wenn man den besten Weg sucht...

Ich schlug mich durch eine schwierige Zeit, denn als alleinerziehende Mutter mit einem Kleinkind und einem 40 Stunden-Job bleibt nicht viel Zeit für Erholungspausen. „Einfach weitermachen" war mein Motto und so schaffte ich trotz Mehrfachbelastung ein weiteres Jahr. Doch irgendwann siegten die Vernunft und der Gedanke, dass das Wohlergehen meines Kindes einen höheren Stellenwert einzunehmen hatte als meine Gefühle und meine Überzeugung. Und so zogen wir weg vom pulsierenden Leben Wiens zurück in die beschauliche Ruhe Klagenfurts. Dahin, wo ich und mein Kind die familiäre Unterstützung erfahren konnten, um die Belastungen Job und Kind als Alleinerziehende bewältigen zu können.

Sicher, für diese Entscheidung hatte es sinnvolle und verständliche Gründe gegeben, doch gleichzeitig war sie auch das schmerzliche Eingeständnis „Oje, ich habe es nicht geschafft. Ich muss zurück nach Hause – weg von der großen Welt in die Provinz, hinein in die Kleinbürgerlichkeit."

Back to the Roots

Es ist mir bewusst, dass die schwierige Zeit, die ich damals durchlaufen musste, auf die eine oder andere Art jeden Menschen einmal ereilt. Schließlich gehört das nun einmal zum Leben dazu. Wichtig ist letztendlich, dass man auch diese Herausforderungen annimmt und dazu nutzt, seine Lehren und Erfahrungen daraus zu ziehen. Bis heute ist es fester Bestandteil meiner Coachings, meine Partner und Partnerinnen dabei zu unterstützen, das Beste aus eben diesen Erlebnissen zu ziehen. Natürlich ist dies nicht immer einfach, aber jedes, wirklich jedes scheinbar negative Ereignis hat irgendwo eine lehrreiche und auch eine positive Seite. Man muss nur lernen, diese zu erkennen und entsprechend umzusetzen. Warum dies so überaus wichtig ist? Es ist der wesentlichste Bestandteil, wenn man sein Leben nach eigenen Vorstellungen gestalten will, denn man stellt damit unter Beweis, dass man bereit ist, seine eigene Persönlichkeit zu entwickeln. Dies hat mich Network-Marketing gelehrt. Und zu dieser Persönlichkeitsentwicklung gehört es auch, Rückschläge als vorübergehende Erscheinungen zu verstehen und letztendlich das Positive daraus zu ziehen. Es wartet immer ein Geschenk dahinter.

Auch du wirst gewiss Zeiten in deinem Leben gehabt haben, in denen du dachtest: „Hat sich denn alles gegen mich verschworen?" oder „Wie soll ich das alles bewältigen?". Ich bin überzeugt davon, dass du aus diesen Erfahrungen wertvolle Schlüsse für dein weiteres Leben ziehen kannst, weshalb ich dich an dieser Stelle bitte, dir exemplarisch eine Phase deines Lebens genauer anzuschauen, in der sich die Herausforderungen vor dir auftürmten wie ein scheinbar unüberwindbarer Berg. Denke an diese Begebenheiten zurück und beantworte dir selbst offen und ehrlich die folgenden Fragen:

Was war das für ein Erlebnis? *Stichwort genügt*

Wie hast du dich in dieser Zeit gefühlt?

Wie lange hat dieser Zustand angedauert?

Konntest du dir in dieser Zeit vorstellen, dass es irgendetwas Positives an der Situation gibt?

Wenn du heute das Erlebte aus der Rolle eines Zuschauers betrachten würdest, wo würdest du Positives erkennen?

Welche Lehren kannst du aus dieser Situation ziehen?

Das war nicht ganz einfach, oder? Aber letztendlich handelt es sich hierbei um einen reinen Trainingsprozess und je öfter du ihn wiederholst (Rückschläge begleiten unser Leben, deshalb kannst du sicher sein, dass es den einen oder anderen noch geben wird), umso leichter wird dir der Umgang damit fallen.

Ich war weit davon entfernt, etwas darüber zu wissen, wie ich meine Situation hätte positiv empfinden können, als ich mit meinen paar studentischen Habseligkeiten, einem Baby und ohne den Vater des Kindes wieder in Klagenfurt ankam. Verschlafenes Kärnten, deine widerspenstige Tochter ist zurück! Und somit auch eine Bestätigung, dass die kleine Tanja es eben nicht geschafft hatte und sich lieber hätte schonen sollen.

Aber nicht mit mir …!

Ich begann mich zu bewerben, was ein ziemlich schwieriges Unterfangen war, denn in Kärnten waren freie Stellen Mangelware. Darüber hinaus trug alles, was ich im Studium gelernt hatte, dazu bei, dass ich für sämtliche Stellen überqualifiziert erschien – zumindest wurde mir dies in regelmäßigen Abständen immer wieder mitgeteilt, bevor ich mit meiner Bewerbungsmappe wieder von dannen ziehen musste.

Die Situation war nicht die Einfachste, aber trotz alledem entdeckte ich in mir einen unbändigen Antrieb.

Es war die vollkommene Überzeugung und das totale Vertrauen darauf, dass alles gut ausgehen wird.

Bis heute ist die wirklich einzige Sicherheit, die ich in meinem Leben habe, das unbedingte Vertrauen darauf, dass es (egal, was) immer positiv enden wird. Vielleicht ist es genau dieser Glaube, der alles letztendlich zum Guten wendet, vielleicht ist aber auch genau dieses tief verwurzelte Vertrauen das, was unser Unterbewusstsein zum angestrebten Ziel leitet. So philosophisch sich das auch immer anhören mag, dieses Denken findet sich sehr häufig bei Menschen, die ihr Leben erfolgreich gemeistert haben (davon zeugt diverse Fachliteratur zu diesem Thema).

Auf dem Weg zum Erfolg helfen dir Eigenschaften und Werte, die du wie einzelne Werkzeuge in deiner persönlichen „Erfolgs-Toolbox" sammeln wirst. Je weiter du in diesem Buch liest, umso mehr wird sie sich füllen.

Toolbox
Entscheidende Werkzeuge für deinen Erfolg
VERTRAUEN

Letztendlich begann ich als Leiterin der Call-Center-Abteilung einer regional sehr erfolgreichen und bekannten Zeitung. Mein Team bestand aus Damen im Altersbereich zwischen 40 und 50 Jahren. Es stellte sich schnell heraus, dass sie nicht wirklich auf eine 26-jährige Universitätsabsolventin wie mich gewartet hatten. Mein Arbeitsalltag bestand letztendlich daraus, mich um Urlaubsplanungen, Personalabrechnungen und -einteilungen, technische Herausforderungen, etc. zu kümmern. Dies erforderte, dass ich permanent, das heißt, zur gleichen Zeit an jedem Wochentag, anwesend sein musste – und das war meine persönliche Höchststrafe, denn der Freigeist in mir wollte Kunden besuchen und selber seine Zeiteinteilung bestimmen können. Und so konnte ich ein weiteres Kapitel in meinem Buch „Dinge, die ich in meinem Leben nicht brauche" schreiben, denn die zeitliche und örtliche Abhängigkeit von einem Arbeitgeber war mit meiner individuellen Lebensplanung als Alleinerziehende mit Kleinkind vollkommen unvereinbar.

Da sich die Arbeitsumstände der Zeitung wegen meiner persönlichen Vorstellungen gewiss nicht ändern würden, entschied ich mich, am Ende der einmonatigen Probezeit meine Kündigung einzureichen, obwohl mein Profil perfekt zur Leitungsfunktion passte. Überraschenderweise wurde mir, nachdem ich meine Gründe dargelegt hatte, eine interessante Position in der Marketing-Abteilung angeboten. Und diese nahm ich dann auch an. Ohne mir selbst auf die Schulter klopfen zu wollen (manchmal sollte man dies durchaus tun) kann ich sagen, dass ich diese Stelle dann wirklich gut ausfüllte.

Nicht nur beruflich, sondern auch privat begannen sich Dinge nach und nach zusammenzufügen, so dass sich die Rückkehr in meine Heimat immer richtiger anfühlte.

Geschichte mit Tagebuch

Je älter man wird, umso öfter stellt man fest, dass Teile des eigenen Lebens erscheinen, als wären sie irgendwo auf dem Reißbrett oder auf einem Vision Board konstruiert worden, nur um dann irgendwann Realität zu werden. Blickt man einmal wirklich bewusst in die Vergangenheit zurück und betrachtet anschließend den Punkt, an dem man gerade steht, so erkennt man diese verworrenen Wege, die letztendlich genau zur Situation im Hier und Jetzt geführt haben. Bei mir war es nicht anders und ich hatte das große Glück, dass mir diese „geordneten Zufälle" die Liebe meines Lebens bescherten.

Ich war 16 und gerade auf dem Höhepunkt meiner rebellischen Phase, als ich mich unsterblich in meinen damaligen Volleyballtrainer verliebte. Dabei war es mir vollkommen egal, dass der Altersunterschied zwischen uns sieben Jahre betrug (obwohl einem dies im Teenageralter wie ein ganzer Generationsunterschied erscheinen sollte). Ich scherte mich auch nicht darum, dass diese Liebe nur einseitig vorhanden war. Wen Amors Pfeil getroffen hatte, der kann ihn nun einmal nicht einfach wieder aus seinem Herzen ziehen. Ich vertraute meine Gefühle meinem Tagebuch an und schrieb: „Christof liebt mich. Eines Tages werden wir heiraten. Er weiß es nur noch nicht."

Im Laufe der folgenden Jahre wurde meine Liebe teilweise erwidert und es bildete sich eine enge und vertrauensvolle Freundschaft. Na ja, immerhin etwas … Irgendwann verließen wir

Klagenfurt aus unterschiedlichen Gründen und unabhängig voneinander. Wir beide mussten unsere eigenen Leben aufbauen. Hin und wieder trafen wir uns noch und es war jedes Mal schön, die Nähe und Vertrautheit zu spüren, die unsere Freundschaft immer getragen hatte.

Der Zufall, das Reißbrett oder das Vision Board wollte es nach einigen Jahren, dass wir wieder nach Klagenfurt zurückkehrten – aus unterschiedlichen Richtungen und beinahe zur gleichen Zeit. Natürlich hatten sich die Umstände geändert, denn schließlich hatte jeder von uns sein Leben bis zu diesem Zeitpunkt auf die eigene Weise gelebt und mir hatte das viele neue Erfahrungen und außerdem meinen kleinen Sohn Philipp beschert.

Christof und ich trafen uns des Öfteren, entdeckten uns neu, ja, es war beinahe, als würden wir uns vollkommen neu kennenlernen. Und diesmal hatte Amor endlich ein Einsehen und seine gespitzten Pfeile trafen voll ins Schwarze. Bei uns beiden. Die alte Liebe entflammte neu und es kam 15 Jahre nach der Zeit, als sich ein pubertierendes Mädchen in ihren Volleyballtrainer verliebt hatte, zu meinem persönlichen Happy End: Wir heirateten und es dauerte nicht lange, bis unser familiäres Glück mit der Geburt unseres ersten gemeinsamen Kindes Annika perfekt wurde. Mein Tagebuch hatte es ja schon immer gewusst …

Solche wunderbaren „Zufälle" sind uns Menschen kognitiv nicht zugänglich. Wer kann schon erklären, warum viele Wege irgendwann und irgendwo wieder zusammenführen? Es wäre wohl auch schade, wenn dies einmal erklärbar wäre, denn unsere

Leben sind doch gerade deshalb so spannend, aufregend und schön, weil wir eben nicht wissen, welche wunderbaren Fügungen noch auf uns warten. Aber, und das kann jedem helfen, der gerade an seiner Lebenssituation zweifelt, wir sollten Vertrauen darauf haben, dass die vielen kleinen und großen Happy Ends immer auf uns warten.

Liebe auf den zweiten Blick

Kapitel 2:
Network-Marketing – ich bin dabei

Die doppelte Geburt

Jeder Mensch besitzt seine eigene Definition von Glück und Zufriedenheit. Für mich hatten sich viele Träume erfüllt, hatte ich doch inzwischen eine wunderbare Familie mit meinem Traummann aus Teenagertagen. Auch meine Anstellung in der Marketing-Abteilung der Zeitung war durchaus nicht zu verachten. Ich fühlte mich zwar glücklich und zufrieden, merkte jedoch, dass ich in meinem Leben mehr erreichen wollte. Kurioserweise dauerte es einige Zeit, bis ich verstand, dass Zufriedenheit gleichzeitig auch einen Stillstand bedeutete. Einen Stillstand, der mir weder gefiel noch entsprach. Letztendlich war es die Schwangerschaft und die Geburt meines zweiten Kindes Annika, die dafür sorgen sollten, dass mein Leben eine ganz neue Richtung einschlagen würde.

Wenn du selber ein oder mehrere Kinder haben solltest, so sind dir aus Zeiten der Schwangerschaftsphase bestimmt Gedanken wie „Bekommen wir/Bekomme ich die Betreuung des Babys zeitlich und finanziell hin?" oder „Ist die Situation, so wie sie jetzt ist, dafür geeignet, ein Kind großzuziehen?", etc. bekannt. Bei uns war es nicht anders, zumal sich mein Mann in dieser Phase gerade selbstständig machte. Auch mein eingepflanzter Gedankenapparat kam mächtig auf Touren, denn eine Zukunft bei der Zeitung gab es für mich unter den nun gegebenen Voraussetzungen nicht. Und so begannen die Überlegungen, wie die bevorstehende zeitliche Flexibilität für unsere Kinder geschaffen werden könne, ohne dabei die persönlichen Wünsche und Vorstellungen aus den Augen zu verlieren. Dies stellte sich als besonders herausfordernd dar, da man zu dieser Zeit in Kärnten als Mutter von zwei Kindern nur einen 20-Stunden-Job nach der Karenz machen konnte, denn mehr Zeit konnten die Betreuungseinrichtungen nicht abdecken. Keine einfachen Voraussetzungen für Frauen, die wie ich nicht nur eine Familie, sondern auch eine Karriere anstrebten. So musste also ein Weg gefunden werden, wie ich unter den gegebenen Umständen meinem Durst nach Karriere ebenso gerecht werden konnte, wie auch mein wegfallendes Gehalt zu kompensieren. Und genau da kam sie wieder einmal in meinen Kopf, die Erinnerung an meinen Professor, der damals gesagt hatte: „Und dann gibt`s da noch …".

Noch immer geisterte mir das Bild durch den Kopf, dass sich damals während der Vorlesung über Network-Marketing in mein Gehirn eingebrannt hatte: freie Zeiteinteilung, keine Vorgesetzten, keine geschlechtsspezifischen Unterschiede, Bezahlung nach Leistung. Für mich war nun der perfekte Zeitpunkt gekommen, diesen Weg endgültig einzuschlagen, denn die Umstände erforderten ohnehin eine grundlegende Veränderung in meinem und unserem Leben. Und so stand in diesem Moment für mich fest, dass meine Zukunft im Network-Marketing liegen wird, eine Erkenntnis, die mich mit einer Welle großer Vorfreude erfüllte. Im Hinterkopf prangte jedoch noch immer ein warnendes „Vorsicht"-Schild, denn die Erfahrungen als Finanzberaterin waren noch nicht ins Reich des Vergessens eingezogen.

Egal, ob Network-Marketing oder eine vollkommen andere Tätigkeit – sucht man nach einem neuen Arbeitsplatz, so denkt man unwillkürlich über zwei Dinge nach:

* Welche Tätigkeit werde ich ausführen?

* Welches Unternehmen ist als zukünftiger Arbeitgeber geeignet?

Natürlich kann man diese beiden Fragen nur bis zu einem gewissen Grad im Vorfeld beantworten, weshalb es sich empfiehlt, sich über einige weitere Punkte so weit wie möglich zu informieren:

* Entspricht die eventuell zukünftige Tätigkeit meinen Neigungen, meinen Fähigkeiten und vor allem meinen Interessen?

* Kann ich mir vorstellen, meine Zeit mit dieser Tätigkeit zu verbringen und dabei glücklich und zufrieden bleiben/werden?

* Welche Abstriche bin ich in Bezug auf Tätigkeit und Unternehmen bereit zu machen?

* Was kann ich über die Firmenphilosophie erfahren?

* Entsprechen mir die Werte, die das Unternehmen propagiert?

* Sagen mir die Produkte zu, die zukünftig die Basis meines Einkommens bilden werden?

Sicherlich ist es nicht immer möglich, all diese Fragen vollständig zu beantworten, weshalb man etwas Mühe aufbringen muss, notwendige zusätzliche Informationen zu besorgen. Im Network-Marketing bedeutet dies unter anderem, dass man sich ein Produktpaket des potenziellen Partnerunternehmens zukommen lässt und dann die Gelegenheit nutzt, sich mit den entsprechenden Artikeln auseinanderzusetzen. Da ich selbst trotz der kurzzeitigen Vorerfahrung aus der Studentenzeit nicht genug Einblick in die Branche hatte, musste ich hierbei meine Erfahrungen noch sammeln.

Ich orderte also einige Produktpakete von vier oder fünf verschiedenen Unternehmen, unter anderem eines aus den Vereinigten Staaten. Dafür musste ich wirklich tief in die Tasche greifen und die hohen Einstiegskosten wurden sogar noch dadurch erhöht, dass auch die Zollgebühren vollständig übernommen werden mussten. Ärgerlich, aber immerhin versprachen die Produkte wahre Wunder wie beispielsweise Faltenfreiheit innerhalb eines Tages. Das hört sich doch vielversprechend an, nicht wahr? Es liegt in der Natur der Sache, dass bei derartigen Zaubermitteln viel Chemie und wenig Natur zum Einsatz gekommen sein muss.

Unter anderem beinhaltete das Paket auch eine Intimcreme. Da beginnt Frau nachzudenken ... Zwar fand ich einige Abnehmerinnen für dieses Produkt, stellte aber gleichzeitig fest, dass ich diesen Artikel nicht selbst testen wollte. Und damit wurde mir auch schnell klar, dass zum erfolgreichen Marketing von Produkten eine wirkliche Identifikation mit den Produkten einhergehen muss. Ich wollte nichts „unter die Leute" bringen, was ich selbst nicht benutzen würde. Unglaubwürdigkeit ist Gift für überzeugendes Marketing.

Diese Erfahrung ließ mich umdenken. Es war an mir selbst, die Auswahlkriterien für mein zukünftiges Partnerunternehmen festzulegen, bevor ich relativ wahllos die Produkte testete und von Enttäuschung zu Enttäuschung eilen würde.

Nach einigem Nachdenken kam ich zu dem Schluss, dass folgende Kriterien für mich als Voraussetzung für eine lange und zufriedene Zusammenarbeit gegeben sein mussten:

Mein zukünftiges Partnerunternehmen sollte

- seinen Sitz in Österreich haben (was die Möglichkeiten schon einmal wesentlich einschränkte)

- nach innen und außen wirkliche Werte vertreten

- für einen Eintritt in das Business keine immensen finanziellen Vorleistungen für ein Starterset oder eine Musterbox verlangen

- mit seinen Produkten überzeugen, denn man kann nur mit dem Herzen arbeiten, wenn man hinter den entsprechenden Artikeln steht

- ausgesprochen viele Freiheiten gewähren, denn ich wollte frei und flexibel von zu Hause aus arbeiten – und zwar nach den zeitlichen Vorgaben, die in meinen Lebensrhythmus passten

Und so begann ich, aktiv nach Unternehmen zu suchen, die meinem Wunschzettel entsprachen. Wenn schon, denn schon.

Es wäre nur zu verständlich, wenn du dich bei der Auflistung meiner Voraussetzungen fragst, ob bei der Tanja ein zunehmender Prozess der Selbstüberschätzung eingesetzt hatte. Nun, als Angesprochene will ich mit einer Gegenfrage antworten: Warum soll ich an einem Zeitpunkt, an dem ohnehin eine Veränderung ansteht, nicht auf meine Bedürfnisse blicken? Warum soll ich nicht nach dem suchen, was ich wirklich will und was mich glücklich macht? Warum sollte ich wieder einer Tätigkeit nachgehen, die nur zum Teil meinen Neigungen und meiner Persönlichkeit entspricht? Ja, die Umstände waren ein wenig schwierig, aber gerade das bietet die Chance, sich einmal wirklich Gedanken über das zu machen, was man will. Und hierbei stelle ich keine Ausnahme dar, denn jeder sollte dies tun.

Wie ist es bei dir? Nimmst auch du dir hin und wieder die Zeit, deine aktuelle Situation zu überdenken? Fragst du dich ab und zu, ob du dein Leben so lebst, wie du es wirklich leben willst? Nutze die nachfolgend aufgeführte Checkliste, um dich diesbezüglich selbst zu überprüfen.

Funktionierst du nur oder lebst du schon?

Aussage 1   Ich gehe jeden Tag mit einem guten Gefühl zur Arbeit.

Aussage 2   Meine Arbeitszeit kann ich nach meinen Wünschen gestalten.

Aussage 3   Ich werde angemessen und leistungsgerecht bezahlt.

Aussage 4   Ich entscheide über die Länge und die Häufigkeit meiner Urlaube.

Aussage 5   Ich habe bei meiner Tätigkeit das Gefühl, dass ich für eine höhere und sinnvolle Sache arbeite und nicht nur des Geldes wegen.

Aussage 6   Ich bin zeitlich und geografisch frei in meiner Arbeitsweise.

Aussage 7   Mein Leben ist perfekt, so wie es ist.

Aussage 8   Ich würde alles wieder so machen.

Aussage 9   Ich neide niemandem etwas.

Aussage 10   Ich freue mich, wenn andere Menschen erfolgreich sind.

An dieser Stelle erwartest du höchstwahrscheinlich eine Auswertung, wie man sie aus Zeitungen und Illustrierten kennt. Ich muss dich enttäuschen, denn genau diese wirst du nicht finden. Warum? Weil du beim Betrachten deiner Antworten selber deinen Status Quo und deine Zufriedenheit mit deinem Leben und deinem Arbeitsplatz ablesen kannst. Es handelt sich bei diesem kleinen Test um keine willkürlich gewählten Aussagen, sondern um Dinge, mit denen ich mich selbst immer wieder konfrontiere und auch meine PartnerInnen dazu anhalte, sich in regelmäßigen Abständen entsprechende Fragen zu stellen. Der Grund dafür ist einfach: Sollten meine PartnerInnen an einen Punkt gelangen, an welchem sie eine der Aussagen mit „nein" beantworten, so muss dies direkt angegangen und aufgefangen werden. Wir alle haben die Möglichkeit so zu leben, dass man guten Gewissens alle Punkte mit „ja" beantworten kann. Das ist auch für dich möglich.

Kommen wir zurück zu der Zeit, als ich auf der Suche war, im Kopf den Wunschzettel meiner Voraussetzungen für ein passendes Unternehmen und gleichzeitig ein heranwachsendes Leben in mir. Ich hatte das feste Vertrauen, dass alles nach meinen Vorstellungen funktionieren wird, denn man erhält immer, wirklich immer, die Chancen, sein Leben nach seinen Vorstellungen zu gestalten. Man muss sie nur erkennen, ergreifen und nutzen. Natürlich dauert dies manchmal länger als erhofft oder beinhaltet einige Widerstände, aber letztendlich kann man diese persönlichen Ziele immer erreichen. Schließlich kommt auch eine Schnecke an ihr Ziel!

Mein Tipp:

Live your Vision!

Mache dir bewusst, was du für ein erfülltes Leben benötigst.

Wenn du das weißt, dann kannst du beginnen, dein Leben dahingehend aufzubauen.

Das Universum liefert dir genau das, was du dafür benötigst.

Die Verwirklichung der eigenen Vorstellungen erfordert Mut,
denn du gehst mit einem Mal Wege, die ungewohnt und vielleicht
auch fremdartig erscheinen mögen. Das verunsichert dein Umfeld,
deine Freunde, deine Kollegen und deine Familie. Mag es deswegen sein, weil sie dich vor einem Scheitern bewahren wollen oder
weil sie dir deinen Mut neiden, dein Leben nach eigenen Vorstellungen in die Hand zu nehmen – sie werden dir ihre Meinung mitteilen. Dabei sind Aussagen wie „Das klappt nicht!", „Wie kommst
du denn auf so eine Idee?" oder „Wenn das funktionieren würde,
würden es alle machen." üblich. Nicht selten wird man auch mit
einem „Das schaffst du nicht!" bedacht. Nun, vielleicht war es die
Erfahrung meiner Kindheit, dass ich diesen Satz inzwischen nicht
mehr ernst nehmen wollte, und es war nun an mir, das Gegenteil
zu beweisen.

Mein Tipp:
Habe den Mut, Pionierarbeit zu leisten.
Nimm die Bedenken der Anderen als Motivation.
Wenn sie sagen, du schaffst das nicht, dann gehe mutig daran,
ihnen das Gegenteil zu beweisen. Wenn du zu dir stehst, dann
fließen die Dinge.

Lass uns noch den Blick auf einen weiteren Punkt werfen, der notwendig ist, um die Weichen deines Lebensweges auf Erfolg zu stellen: Mach dir bewusst, dass das blanke Vorhaben, Dinge zu verändern, alleine nicht ausreicht. Die Welt wird schließlich nicht durch Gedanken vorangetrieben, sondern dadurch, dass man seine Ideen und Visionen auch wirklich umsetzt. Genau das sollst auch du tun. Nutze deine Fähigkeit, vom bloßen Denken auf aktives Handeln umzustellen. Dies ist keine besondere Gabe und vor allem kein Talent, dies ist etwas, was jeder tun kann, der es schaffen will.

Natürlich ist das leichter gesagt als getan, aber es gibt verschiedenste Methoden, dies zu erlernen und zu befolgen. So ist es hilfreich, sich seine Ziele (Vorstellungen) zu notieren und dann zu überlegen, was man tun muss, um an diesen oder jenen Punkt zu gelangen. Im Normalfall sind mehrere kleinere Zwischenschritte notwendig. Je mehr du dir diese Schritte bewusst machst, umso eher kannst du daran gehen, die Jagd auf dein persönliches Ziel zu beginnen. Das Interessante auf dieser spannenden Reise ist die Erkenntnis, dass ein hochgestecktes Ziel gar nicht mehr so unerreichbar scheint, wenn man sich der kleinen Zwischenziele auf dem Weg dorthin bewusst ist. Diese sind im Normalfall gar nicht so utopisch und dadurch merkt man, dass eben auch die Erreichung des großen Zieles durchaus möglich ist.

Nun mag es hin und wieder passieren, dass du auf deinem Weg zu deinem persönlichen Ziel eines der Zwischenziele nicht schaffst. Dann wirst du unter Umständen die Augenbrauen hochziehen und denken: „Hab ich's mir doch gleich gedacht. Diese Theorien funktionieren auf dem Papier, aber nicht in der Realität. Zur Hölle mit meinen Zielen." Stop, wenn du an diesen Punkt kommen solltest, dann hast du vielleicht übersehen, dass nicht alle (Zwischen-) Ziele problem- und widerstandslos gemeistert werden. Manchmal hat man einfach das falsche Vorgehen gewählt und sollte dann eine andere Methode ausprobieren. Es wird irgendwann funktionieren! Und man sollte sich in diesen Momenten immer wieder sagen: „Dieses Vorgehen war nicht erfolgreich. Also probiere ich einen anderen Weg. Und ich freue mich darüber, dass ich auch aus dem zwischenzeitlichen Scheitern wieder etwas lernen durfte."

Mein Tipp:
Akzeptiere Rückschläge und gelegentliche Misserfolge. Sie alle machen dich stärker. Und sie lehren dich, dass du einen anderen Weg zum Erreichen Deines (Zwischen-) Ziels gehen musst.

Mit diesen Überzeugungen in meinem Kopf befand ich mich also nun auf der Suche. Ich habe meinen Freunden und Bekannten von meinem Vorhaben erzählt, und siehe da – eines Tages bekam ich von meiner Freundin Claudia einen Tipp und so fand ich endlich ein Unternehmen, dass all die Punkte aufwies, die ich mir als Bedingung gemacht hatte. Es handelte sich um ein innovatives und offensichtlich ausgesprochen menschlich eingestelltes Unternehmen, das frische und vegane Pflegeprodukte und Vitalstoffe produzierte und über Empfehlungsmarketing vertrieb. Für mich hörte sich das hervorragend an, sowohl das, was ich über das Unternehmen las, als auch die ausgesprochen hohe Qualität der Produkte. Ich war so überzeugt von dem, was ich an Informationen über diese Company erhalten konnte, dass ich mich entschied, hier als Partnerin einzusteigen.

Als ich das angeforderte Starterpaket erhielt, stürzte ich mit Begeisterung auf alle Unterlagen und Produkte. Ich probierte alles aus, wollte ich doch schnellstmöglich meine eigene Begeisterung mit den Menschen in meinem Netzwerk teilen. Doch so sehr mich beinahe jeder der Artikel von der ersten Sekunde an überzeugte (das Versprechen, dass die Produkte nachhaltig, sinnvoll, ethisch, gesund, wertvoll und frisch sein würden, erfüllte sich zu einhundert Prozent), so blieben bei einigen Ausnahmen doch kleine Restzweifel. Natürlich konnte ich anhand der Inhaltsstoffe erkennen, dass diese durchaus dem entsprachen, was der Hersteller versprochen hatte. Aber ich konnte mich (noch) nicht zu einhundert Prozent mit ihnen identifizieren. Also, wie geht man mit so einer kleinen Enttäuschung um (Thema: Verarbeitung von Rückschlägen)?

Nun, es benötigte einige Zeit, bis mir klar wurde, dass das eigentliche Problem bei mir selber lag. Ich war, wahrscheinlich wie du auch und alle anderen um uns herum, in eine bestimmte Richtung konditioniert worden. Mir wurde bewusst, dass ich mich über viele Jahre daran gewöhnt hatte, dass Beauty-Artikel und Kosmetik zum einen nach ihrer Wirkung, zum anderen aber wesentlich durch ihren Geruch ihre unnachahmliche Note hinterließen. Wenn ich in einer Drogerie oder einem Supermarkt ein dementsprechendes Produkt erwerben wollte, so musste es erst einmal den Umweg über mein Riechorgan nehmen und fand erst nach zustimmendem Wohlempfinden meiner Nase den Weg in den Einkaufskorb. Mit etwas Überlegung hätte ich mir eigentlich schon früher denken können, dass die Zugabe von Duftstoffen der allgemeinen Qualität und der eigenen Gesundheit nicht zwingend zuträglich sein würde.

Es war jedoch nicht nur meine Nase, die meine ursprünglichen Zweifel nährte. Überlege dir einmal, was deine Erwartungen sind, wenn du dir beispielsweise deine Hände mit einem Stück Seife wäschst? Was siehst du vor deinem geistigen Auge? Richtig, du siehst die Seife, wie sie zwischen Fingern und Handballen hin- und hergeschoben wird, sich vielleicht dreht und nach und nach immer mehr Schaum um deine Hände bildet. Ein beruhigendes Bild, werden doch unsere Hände so porentief sauber. Die Werbung hat nicht zu viel versprochen, als sie speziellen Wert auf die Darstellung des reinigenden, milden Schaumes legte. Auch in meinem Kopf war dieses Bild manifestiert, gute Seife und Schaum gehörten einfach zusammen.

Nun frage dich selbst einmal, warum Seife eigentlich besser reinigen soll, wenn sie schäumt. Bevor du jetzt die nächsten Stunden damit verbringst, dir den Kopf zu zerbrechen, welche besonders reinigende Wirkung der Schaum eigentlich hat, so will ich dir die Lösung vorwegnehmen: Gar keine! Auch hier handelt es sich um eine geschickt in unsere Gehirne eingepflanzte Assoziation, die wir gut geschulten Menschen aus dem Bereich der Werbung zu verdanken haben. Die Seife meines Partnerunternehmens schäumte nicht – aber sie reinigte hervorragend. Also lag die Auflösung der Zweifel in der Beseitigung meiner alt hergebrachten Gewohnheiten und meines angestammten Kaufverhaltens. Es gibt eine Aussage, auf die in einem späteren Teil dieses Buches noch näher eingegangen wird: „Network-Marketing hat mich persönlich vorangebracht und mein Leben bereichert." Rückblickend muss ich sagen, dass ich durch diese Erfahrung, durch die kleine „Nasen-Affäre", zum ersten Mal einen Schritt in eine bessere Richtung machte, weil Network-Marketing mich dorthin geleitet hatte. Ich war dabei zu lernen, dass man seine (Konsum-) Verhaltensweisen überdenken kann und das auch tun sollte. Nicht alles, was frisch riecht, ist deswegen auch gesund. In diesem Moment, als ich einige Produkte in der Hand hielt, die geruchsneutral und ausgesprochen gesundheitsschonend waren, stellte ich meine Weichen in Richtung gesundes Leben. Mit oder ohne Schaum!

Aus diesem kleinen Erlebnis erwuchs in mir auch noch eine zweite Erkenntnis, die mich in meiner persönlichen Entwicklung voranbrachte: Lass dich nicht von deinen Gefühlen leiten, wenn du etwas spontan ablehnen willst. Mit ein klein wenig Überlegung kommst du oft an den Punkt, an dem du feststellen wirst, dass deine Zweifel vollkommen unbegründet sind. Du bist einfach der Werbeindustrie auf den Leim gegangen, die über Jahre nach und nach dein Produktverständnis geformt hat. Dabei bist du doch selbst derjenige, der dies eigentlich tun sollte. Beschaffe dir Informationen und wähle dann, was du dir, deinem Körper und deiner Familie zumuten kannst und willst. Kaufe deine Produkte aus Überzeugung, denn ausschließlich du bestimmst, was gut für dich ist. Neige nicht dazu, deine (beeinflussten) Gewohnheiten weiterhin festlegen zu lassen, was gut oder was schlecht ist. Brich die Dinge auf eine sachliche Ebene herunter und entscheide dann darüber.

Ich habe diesen Prozess das erste Mal wirklich durchlaufen, als ich die mir zugesandten Artikel getestet habe. Anfänglich hatte ich meine Zweifel, heute stehen nur noch Produkte meines Partnerunternehmens in unserem Haus – und das aus vollster Überzeugung.

Mein Tipp:
Menschen reiben sich an täglichen (völlig irrelevanten) Befindlichkeiten auf.
Du kannst einen Unterschied schaffen, wenn du lernst, alles erst einmal auf die sachliche Ebene herunterzubrechen.
Sage dir: „Don`t be a drama queen."

Ich hatte in dieser Zeit gelernt, die Produkte, die mir mein Einkommen sichern sollten, zu nutzen, zu verstehen und – letztendlich – zu lieben. Damit hatte ich die Voraussetzung geschaffen, sie besten Gewissens auch anderen Menschen empfehlen zu können. Ich war angekommen in dem Bereich, in dem ich mich wirklich wohlfühlte, der meinen Neigungen entsprach und dazu auch noch alle meine Bedingungen für ein Leben nach meinen Vorstellungen erfüllte. Die Geburt einer dauerhaften geschäftlichen und emotionalen Beziehung zwischen meinem Partnerunternehmen und mir war geschaffen. Ich spürte, dass mein Leben etwas lang Anhaltendes dazugewonnen hatte und das berührte mich. Ja, richtig gelesen, nachdem ich alles auf die sachliche Ebene heruntergebrochen und für mich analysiert hatte, war es die richtige Zeit, mich auch emotional darauf einzulassen. Es kommt eben nur auf die richtige Reihenfolge an.

In meinem Privatleben war die Entscheidung für den Lebenspartner gefallen und auch beruflich hatte ich mich für ein Partnerunternehmen entschieden, das alles bot, was ich mir vorgestellt hatte. Und dann gab es ja noch die beiden kleinen Kinder, denen alle Überlegungen ihrer Mutter vollkommen gleich waren, Hauptsache, sie kamen dabei nicht zu kurz.

Der Spagat zwischen frischer Selbstständigkeit des Ehemannes, lebhaften Kindern und der Einarbeitung in die neue Aufgabe funktionierte ausgesprochen gut, konnte ich doch meine Arbeitszeiten den Bedürfnissen unseres Familienlebens vollständig anpassen. Forderten die Kinder die Aufmerksamkeit ihrer Mutter, so konnte ich mich ihnen voll und ganz widmen, ohne dass sich parallel der Ordner unerfüllter Aufträge unkontrollierbar füllte. Benötigte mein Mann, was selten genug der Fall war, meine Unterstützung, so konnte ich ihm mit Rat und Tat zur Seite stehen, ohne dass meine eigene Aufgabe darunter litt. Eigentlich floss alles ineinander und wir kamen relativ stressfrei durch diese Zeit.

Toolbox
Entscheidende Werkzeuge für deinen Erfolg
MOTIV

Ich selbst hatte mir zum Ziel gesetzt, monatlich 400 bis 500 Euro zu unserem gemeinsamen Haushalt dazuzuverdienen. Das gelang schnell, denn diese Beträge nahm ich allein im nahen Bekanntenkreis ein, da die Produkte durch ihre Qualität überzeugten und ich sie besten Gewissens meinen Freunden und Bekannten empfehlen konnte. Dabei sollte ich vielleicht darauf hinweisen, dass ich sicherlich nicht das geborene feminine Verkaufsgenie bin, das alleine durch seine einnehmende Persönlichkeit, eine ausgefeilte Rhetorik, einer unnachahmlichen Überzeugungskraft und ein enganliegendes Kleidchen die Produkte vertrieb. Nein, ganz und gar nicht. Menschen glaubten mir einfach deswegen, weil sie meine Ehrlichkeit und Offenheit (an)erkannten. Sie wussten, dass ich nur Dinge empfehle, von denen ich absolut überzeugt bin. Alles andere wäre eine sehr kurzbeinige Lüge und würde schnell genug wieder auf mich zurückfallen. Also tat ich eigentlich nichts anderes, als anderen meine Überzeugung mitzuteilen. Das reichte vollkommen aus. Alles ging mir in dieser Zeit locker von der Hand und ich fragte mich, wie einfach es sein würde, wenn ich eines Tages mehr verdienen wolle und dementsprechend mehr Zeit in meine Aufgabe investieren würde. Schließlich war mein Karriere-Gedanke noch immer am Leben und ich hatte ihn nur ein wenig nach hinten geschoben, um den Kindern und der Selbstständigkeit meines Mannes erst einmal den Vortritt zu lassen. Aber spätesten in vier bis fünf Jahren, so nahm ich mir vor, sollte das Thema „Karriere" intensiver angegangen werden. Also erst einmal die Pionierjahre, dann der Durchbruch. Der Plan stand, zumindest in meinem Kopf. Und wenn er sich dort erst einmal manifestiert hat, dann wird er auch umgesetzt! In der blanken Theorie hört sich dies alles wunderbar an, ein guter Plan, dem ich nur folgen muss und irgendwann gar nicht umhinkomme, als reich und erfolgreich zu werden. Es gab in meinen Gedanken allerdings eine kleine Sache, die diesem großartigen Erfolgsplan im Weg stand: Ich!

Betrachtete ich das Wesen meiner zukünftigen Aufgabe (zumindest stellte ich es mir so vor), so besaß ich von den erforderlichen Eigenschaften herzlich wenig. Ich traute mich nicht, einfach fremde Menschen anzusprechen. Darüber hinaus bin ich aus meinem tiefsten Inneren heraus ausgesprochen unorganisiert und chaotisch. Strukturiertes Arbeiten beherrschen vielleicht andere, bei mir wird man recht lange danach suchen müssen. Und auch mein Ordnungssinn liegt auf einer Skala von 1 (nicht vorhanden) bis 10 (sehr stark ausgeprägt) bei vielleicht gerade einmal 2,8. Wie soll man da Karriere machen? Nun, du wirst sehen, dass dies möglich ist. Der Grund dafür liegt einfach darin, dass im Network-Marketing vollkommen andere Kriterien entscheidend sind – und dies sind unter anderem Dinge wie Menschlichkeit, Wärme, Tiefgang, Spaß, … Und, ja, davon besitze ich jede Menge.

Zurück zu den ersten Monaten im Network-Marketing: So sehr ein System auch in der Theorie überzeugt, wirklich verstehen tut man es erst in der Praxis. Network-Marketing bildet da keine Ausnahme. Sah ich zu Beginn meine Aufgabe darin, mir liebe Menschen aus meinem persönlichen Netzwerk über die hervorragende Wirkung und Qualität der Produkte meines Partnerunternehmens zu informieren, so lernte ich mit der Zeit, dass die eigentliche Essenz meines Vertriebes in den Folgeaufträgen zu finden war. Und hier zeigte es sich mehr als deutlich, dass die hohe Qualität meiner Produkte den langfristigen Vorteil bot, dass meine Kunden zu Wiederbestellern wurden. Nachdem sie sich persönlich überzeugt hatten, welchen Mehrwert sie selbst aus diesen Artikeln ziehen konnten, bestellten sie automatisch wieder.

Natürlich vereinfachte dieser Sachverhalt meine Tätigkeit, denn verständlicherweise ist es einfacher, einen zufriedenen Kunden bei einer wiederholten Bestellung zu unterstützen als potenziell neuen Kunden die gesamte Produktpalette erst einmal vorzustellen.

Dieser Prozess stellte einen eigenen Kreislauf dar. Vertrieb durch Empfehlungen, saubere Geschäftsabwicklungen, kurze Wege, Zufriedenheit bei allen Beteiligten. Und doch fehlte etwas, das i-Tüpfelchen des gesamten Network-Marketing-Gedankens. Und dieses begegnete mir ziemlich unverhofft und ich kam dazu eigentlich wie die Jungfrau zum Kind. Nichts desto trotz werde ich diesen Moment wohl mein Leben lang nicht vergessen.

Meine erste Partnerin

Eine meine ersten Kundinnen, Silke, sprach mich nach einem halben Jahr meiner Tätigkeit für mein Partnerunternehmen an und fragte einfach: „Kann ich das auch machen?"

Da ich damals keine Ahnung hatte, wie das konkrete Vorgehen in so einem Fall eigentlich wäre, traf mich diese Frage vollkommen überraschend. Ich hatte mir zuvor keine Gedanken darüber gemacht und mein Fokus lag bis zu diesem Zeitpunkt ausnahmslos darin, meine Produktpalette interessierten Personen vorzustellen. Über Teamaufbau hatte ich mir noch keinerlei Gedanken gemacht. Demzufolge überforderte mich die Frage anfänglich, denn meine Unerfahrenheit wurde mir in diesem Moment nur zu bewusst. Gleichzeitig merkte ich, dass ein neues Kapitel in meinem Business begann: Der Teamaufbau, das Herzstück im Network-Marketing. Von diesem Moment an war ich nicht mehr allein.

Motiviert, aber unerfahren, beschlossen wir, uns gemeinsam Schritt für Schritt weiter in die Thematik hineinzuarbeiten und uns unerschrocken und mutig zukünftigen Herausforderungen zu stellen. Wir führten zu zweit Produktpräsentationen durch, sprachen mit Menschen und holten zusammen neue PartnerInnen in unser frisches Team. Wir zwei waren die Hauptdarstellerinnen einer erfolgsversprechenden 2 Women-Show.

Manch einer mag von Zufall sprechen, dass ich Silke gefunden hatte (falsch, sie kam von sich aus und so hatte sie eigentlich mich gefunden), aber es sollte sich herausstellen, dass wir in der Folge perfekt harmonierten und die gleichen Ziele verfolgten. Wir ergänzten uns hervorragend und es gelang uns, gemeinsam Dinge zu erreichen, die wohl keiner von uns alleine geschafft hätte.

Sobald du deinen ersten Partner oder deine erste Partnerin gefunden hast, so hast du mit ihm oder ihr auch jemanden an deiner Seite, der den Weg gemeinsam mit dir geht. Das macht alles um vieles leichter und du merkst in diesem Moment auch, wie viel mehr Spaß du bei deiner Tätigkeit empfindest. Für mich war diese Erfahrung immens wichtig und ich bin unendlich dankbar, dass Silke mir damals diese Frage gestellt hat. Bis heute ist sie eine der treuesten, loyalsten und liebevollsten Partnerinnen in meinem Team. Sie selbst hat ihren Schritt, dieses kurze Gespräch mit mir, auch niemals bereut. Silke ist ausgesprochen aktiv und hat selbst ihrerseits ein riesengroßes Team aufgebaut. Es ist nur noch eine Frage der Zeit, wann sie die höchste Zielstufe in unserem Unternehmen erreicht, denn inzwischen ist sie eine Top-Führungskraft an der Spitze eines großen, internationalen Teams.

Und der Spaß, den wir von Beginn an gemeinsam hatten, ist bis heute nicht verloren gegangen.

Mission driven vs. Money driven

Der Einstieg von Silke stellt bis heute eine der einschneidensten Erfahrungen in meinem beruflichen Leben dar. Es war die Erfahrung, wie viel man durch einen anderen Menschen gewinnen kann, wieviel mehr man bewegen kann und wieviel mehr Spaß Dinge plötzlich machen. Es sind Erfahrungen wie diese, die einen im Leben voranbringen und aus denen man so unendlich viel lernen kann. Ich hatte nun wirklich verstanden, wie Network-Marketing funktioniert, ich sah das ganze System plötzlich als ein wunderschönes Gebäude, das auf zwei Säulen fußt.

Die erste Säule, der Vertrieb der veganen Pflegeprodukte und Vitalstoffe, hatte sich inzwischen zu einem festen Bestandteil meines Einkommens entwickelt. Bitte denke jetzt nicht, dass man mich jeden Tag dabei beobachten konnte, wie ich bei fremden Menschen an der Haustür klingelte und versuchte, ihnen Produkte schmackhaft zu machen, die ihr Leben und ihre Haut verbessern würden. Nein, dies hätte nicht meinem Charakter entsprochen, denn ich bin in meiner Wesensart eher zurückhaltend und vorsichtig im Umgang mit anderen Personen. Außerdem hätte die Qualität meiner Produkte ein solches Vorgehen nicht verdient, denn ich empfand es als meine Pflicht, echtes Interesse durch meine persönlichen Empfehlungen innerhalb meines Netzwerkes zu wecken.

Was außerdem sehr angenehm war, und das liegt in der Natur des Business, ist, dass Kunden zu Wiederbestellern wurden, wenn sie mit den Produkten zufrieden waren. Und das war regelmäßig der Fall, so wie ich es auch erwartet hatte. So generierten sich viele meiner Einnahmen einfach daraus, dass neue Bestellungen eingingen durch Stammkunden. Es war wie ein Zug, der langsam anfuhr und irgendwann mit ziemlich hoher Geschwindigkeit wie von alleine über die Gleise raste.

Die zweite Säule des sich im Hintergrund schleichend anbahnenden Erfolges stellte die Gewinnung neuer PartnerInnen dar. Wie bereits zuvor erwähnt, liegt hier im Network-Marketing ein unglaublich hohes Potenzial. Es ist nicht der Fakt, dass man sich selber ein ausgesprochen attraktives passives Einkommen schafft, sondern man rutscht beinahe automatisch in eine andere Berufszunft, nämlich die des Personalers. Man wird Förderer, Mentor, Personalchef und Trainer in einem. Und dies alles hat zum Ziel, andere erfolgreich zu machen – und im gleichen Atemzug auch einen selbst. Da ich dies inzwischen verstanden hatte, legte ich viel Wert darauf, regelmäßig Neueinsteiger zu gewinnen. Dabei kam mir eine Sache zugute: Ich wusste, dass jeder über offene oder versteckte Potenziale verfügte. Jeder!

So wuchs das Team, das ich aufbaute, kontinuierlich an. Dieses Team und ich organisierten Veranstaltungen und informierten dabei die Besucher über meine (und vielleicht auch bald deren) Tätigkeit, über das Partnerunternehmen und die verschiedenen Produkte. Natürlich hatte jeder Anwesende im Anschluss an diese Veranstaltung die Möglichkeit, sich persönlich Fragen beantworten zu lassen oder weitergehende Informationen zu erhalten. Ich denke, es war auch hier meine vollkommene Offenheit, die den Besuchern das Gefühl gab, mir vertrauen zu können. Ich lockte sie nicht mit überzogenen Einkommensversprechen, sondern sprach sehr freimütig über das, was jeder von dieser Tätigkeit erwarten konnte. Alleine das war für viele Argument genug, ebenfalls einzusteigen. Die meisten von ihnen sind noch heute meine PartnerInnen, viele von ihnen auch persönliche Freunde und Freundinnen.

Vor dem Einstieg einer Person in das Business lag mir viel daran, immer ein eingehendes Gespräch zu führen. Schließlich möchte ich als Mentor das Motiv erfahren, weshalb jemand sein Leben verändern und mit Network-Marketing starten möchte. Für mich hat sich ganz klar herauskristallisiert, dass Menschen zwei Antriebsgründe haben, aufgrund derer sie ins Network-Marketing einsteigen wollen. Das eine ist die Aussicht auf finanzielle Freiheit, die Möglichkeit so viel Geld zu verdienen, dass man es kaum noch in einem einzigen Leben ausgeben kann. Der andere und nach meiner Meinung wesentlich gesündere Motivationsgrund ist der Glaube und der Wunsch, wirklich etwas bewegen zu wollen und so weit wie irgend möglich auch anderen Menschen zu helfen. Man nennt diese beiden grundsätzlich verschiedenen Motivationsansätze „Money-driven" und „Mission-driven".

Wem der Unterschied beider Formen noch nicht klar ist, dem hilft vielleicht ein kleines Beispiel. Stelle dir einmal vor, du erbst von einer dir nicht bekannten Großtante plötzlich und unerwartet einen kleinen Laden, in dem Schokoladenspezialitäten und Pralinen verkauft werden. Du besuchst dieses Geschäft, schließlich gehört es nach Unterzeichnung der testamentarischen Verfügung nun plötzlich dir. Du nimmst Einblick in die Unterlagen und stellst erfreut fest, dass die Zahlen recht verheißungsvoll aussehen und du durchaus mit diesem kleinen Laden Geld verdienen kannst. Leider gibt es drei gravierende Herausforderungen. Du wohnst zu weit weg, als dass du selbst das Geschäft betreiben könntest und außerdem ist eine Mitarbeiterin im vorigen Monat in Rente gegangen, so dass du diese ersetzen musst. Zu allem Überfluss ist es auch noch so, dass du gar keine Ahnung von Schokolade, noch viel weniger von Konfekt und Pralinen hast. Was also solltest du tun? Richtig, das Personal finden, dass die notwendige Fachkenntnis besitzt und gleichzeitig dafür sorgt, dass die Kunden sich wohlfühlen und auch weiterhin mit Freude die schmackhaften Produkte kaufen.

Du schreibst die vakante Stelle aus und entscheidest dich nach genauer Prüfung aller Unterlagen dafür, zwei dieser Bewerber persönlich zu treffen. Bewerberin Nummer Eins ist eine ausgesprochen freundliche Dame mit einem entwaffnenden Lächeln, deren leichte Rundungen ihre Erzählungen unterstreichen, dass sie schon als kleines Kind ihrer Vorliebe für Schokolade nachgeben musste. Später wurde aus der geschmacklichen Vorliebe ein ausgeprägtes berufliches Interesse, denn sie wollte alles lernen, was es über die Verarbeitung und den Verkauf überhaupt zu wissen gab. Sie gerät ins Schwärmen, als sie von ihrem freiwilligen Praktikum bei einem Konfekthersteller erzählt. Dir fällt auf, dass du selbst Appetit bekommst, als sie von den feinen Trüffelzutaten, dem Marzipan, Krokant, Mascarpone etc. berichtet. Warum auch immer, aber diese Frau hat sich voll und ganz den leckeren Produkten verschrieben. Sie will (und kann) ihre Mitmenschen mit ihrer Begeisterung anstecken. Bei dir hat es schon einmal funktioniert.

Kurz darauf empfängst du einen jungen Mann, Bewerber Nummer Zwei. Im Gegensatz zu seiner Vorgängerin trägt er einen Anzug und seine Aussagen während des Gespräches lassen erkennen, dass er sich im Vorfeld informiert hat. Nicht über Schokolade oder Konfekt, sondern darüber, was man in einem Vorstellungsgespräch am besten antwortet und wie man sich am korrektesten am Tisch verhält. Auffällig ist, dass er wiederholt auf die Einkommensmöglichkeiten zu sprechen kommt. Des Öfteren weist er darauf hin, dass sein Ziel ist, in deinem Geschäft zu wachsen (Bewerbungsbibel Seite 65 „Was Personalchefs hören wollen") und möglichst zeitnah die Leitung des Ladens zu erreichen. Auch hier fragt er nach dem möglichen Einkommen (über das du dir noch gar keine Gedanken gemacht hattest). Auf dem Tisch steht ein kleines Schüsselchen mit Leckereien zu eurem Kaffee, feine Schokoladentäfelchen, Pralinen und Konfekt. Zwar hast du dich auch noch nicht bedient, trotzdem fällt dir auf, dass dein Gegenüber nicht ein einziges Mal auch nur einen Seitenblick darauf geworfen hat.

Interesse am Produkt gleich null, notierst du dir in deinem Hinterkopf. Formvollendet verabschiedet sich dein Gesprächspartner mit einem erwartungsvollen: „Ich freue mich auf Ihre Antwort und auf eine produktive und gewinnbringende Zusammenarbeit." Du reichst ihm die Hand und denkst dir: „Ganz bestimmt nicht." Wahrscheinlich wirst du zustimmen, dass die richtige Bewerberin die erste Dame gewesen ist. Gründe dafür gibt es einige, aber am meisten haben dich ihre Fröhlichkeit und Authentizität überzeugt, die genauso bei den Kunden greifen würde. Vielleicht liegen ihre betriebswirtschaftlichen Kenntnisse nicht im Bereich des zweiten Bewerbers, aber diese verkaufen auch keine Pralinen. Eindeutig war die Dame „Mission-driven", denn sie bewies anschaulich, dass sie die Thematik und das Produkt interessieren. Sie war mit ganzem Herzen dabei und das war ihr in jeder Sekunde eures Gespräches anzumerken. Sie erschien ehrlich und begeistert. Dies ist das Verkaufsargument Nummer Eins.

Der junge Mann dagegen sah den Posten als reine Möglichkeit, seine Finanzen aufzubessern (und vielleicht einen Karriereschritt zu schaffen, bevor er das Geschäft aufgrund eines besseren Angebotes endgültig verlässt). Es hätte durchaus sein können, dass er diesen Job hätte erledigen können, aber es fehlte ihm an menschlicher Wärme und der für diese Aufgabe zwingend notwendigen Überzeugungskraft. Seine hauptsächliche Motivation war das Geld, ein Motivator, der nie langfristig und ausdauernd ist.

Du kannst dir zu der richtigen Entscheidung gratulieren, denn die Verkäufe der leckeren Produkte sind durch die Mitarbeit der neuen Kollegin weiter angestiegen. Und es freut dich bei jedem deiner Besuche aufs Neue, ihr herzhaftes Lachen zu sehen und die Kunden dabei zu beobachten, wie sie sie ebenso wie du in ihr Herz geschlossen haben.

Solltest du noch immer Zweifel daran haben, dass Geld ein wesentlich geringerer Motivator ist als die Sache – die Mission – selbst, dann stelle dir bitte vor, dass du in einem Angestelltenverhältnis tätig bist, in dem du nicht glücklich bist (vielleicht ist es ja sogar so). Die allgemeine Auftragslage deines Unternehmens ist miserabel und erste Gerüchte über anstehende Entlassungen kursieren im Kollegenkreis. Dieser Sachverhalt ist natürlich der allgemeinen Stimmung nicht zuträglich. Außerdem gibt es da noch immer diese permanent nörgelnden Kollegen, die auch gerne einmal hinter vorgehaltener Hand über andere herziehen. Seit Kurzem bist auch du in ihr Fadenkreuz geraten, wie du zufällig mitbekommen musstest.

Trotz all dieser Umstände hast du dir vorgenommen, deinen Vorgesetzten zu einem Gespräch zu bitten. Du hast vor kurzem eine unerwartet hohe Rechnung erhalten und musst zur gleichen Zeit noch die monatlichen Kosten für ein Elternteil übernehmen, das im Pflegeheim wohnt und die dortige Unterstützung benötigt. Du kannst an einer Hand abzählen, dass in den kommenden Monaten deine spärlichen Rücklagen aufgebraucht sind und es finanziell sehr hart für dich werden wird. Letztendlich waren es diese Umstände, die den mutigen Schritt notwendig machten, deinen Chef während des anstehenden Gespräches um mehr Geld zu bitten.

Dummerweise ist dein Vorgesetzter ein Vertreter der zumeist übellaunigen Menschen, die von manchen gerne auch als „alter Stinkstiefel" bezeichnet werden. Doch, welches Wunder auch immer diesem Ereignis zugrunde lag, er stimmt nach einigen Muffeleien und unverständlich gebrabbelten Verwünschungen zu, dir eine monatliche Gehaltserhöhung von 200 Euro zu gewähren. Erleichtert und mit einem zufriedenen Grinsen im Gesicht verlässt du sein Büro und spürst kaum seine vernichtenden Blicke in deinem Rücken.

In den kommenden Tagen gelingt es dir weitestgehend, die schlechte Stimmung, die belastende Auftragslage und die mobbenden Kollegen zu ignorieren. Immerhin hast du deinen kleinen Sieg erfochten, hast dem Ungeheuer die Stirn geboten und den Lohn dafür erhalten. Eine Gehaltsabrechnung später bist du zwar ein wenig ernüchtert, als du siehst, dass mehr als ein Drittel deiner Erhöhung sofort der Steuer zum Opfer gefallen ist, aber immerhin. Ein wenig Platz zum Durchatmen hat dir diese Erhöhung schon verschafft. Hoffentlich folgt nicht bald noch die nächste unerwartete Rechnung …

Einige Wochen vergehen und rein atmosphärisch hat sich in deinem Unternehmen nichts geändert. Es ist eher noch ein wenig schlimmer geworden, denn auch einige erhoffte Aufträge sind an Mitbewerber gegangen. Neben deiner steigenden Angst vor dem Verlust des Arbeitsplatzes nimmt dich der unfreundliche Umgang der Kollegen und Kolleginnen doch sehr mit und die Gedanken rasen dir nachts nur so durch den Kopf. Eigentlich vergessene Bauchschmerzen auf dem Weg zur Arbeit stellen sich wieder ein. Wenn du genau hinsiehst, stellst du fest, dass gar nichts besser geworden ist.

Was ist hier passiert? Das Normalste von der Welt. Die bekannte Theorie, dass die motivierende Wirkung einer Gehaltserhöhung kaum zwei Monate lang anhält, ist zu beobachten. Geld kann ein Motivator sein, allerdings nur ein sehr kurzfristiger. Wer langanhaltenden, tiefen und gefestigten Ansporn sucht, der muss von der eigentlichen Mission überzeugt sein, von dem Produkt, der Dienstleistung und dem Unternehmen.

Mein Tipp:
Suche deine persönliche Mission.
Wenn du von einem Produkt oder einer Dienstleistung überzeugt bist, ebenso wie von dem dahinterstehenden Unternehmen, so generierst du Kraft aus Begeisterung („Mission-driven"). Begehe nicht den Fehler, dich nur des Geldes wegen einer Aufgabe zu verschreiben („Money-driven"), denn so wirst du höchstwahrscheinlich scheitern.

Weg von – Hin zu

Ich war am Ende meines zweiten Jahres angekommen, seit ich begonnen hatte, mit meinem Partnerunternehmen zu arbeiten, zu wachsen und mich zu entwickeln. Natürlich gab es andere, die schneller die Leiter zum Erfolg aufgestiegen waren, aber das störte mich nicht. Warum auch, ich gönne jedem seinen persönlichen Erfolg. Für mich bot sich die Möglichkeit, von diesen Menschen zu lernen und davon zu profitieren, da sie bereits ihren Weg gefunden hatten, um erfolgreich zu sein. Ich hatte also keinerlei Eile. Doch es gibt im Leben von uns Menschen immer wieder Momente, in denen man Entscheidungen treffen muss. Einen solchen Moment hatte ich erreicht, denn das Ende meiner Karenz rückte langsam näher und damit auch die Frage, wie es anschließend weitergehen würde. Immerhin galt es die Entscheidung zu treffen, ob unsere Zukunft mit zwei Kindern weiter in dem angestammten Job bei der Zeitung liegen solle oder ob ich meinem Herzen folgen und vollständig ins Network-Marketing eintauchen sollte. Aber Halt, gab es da nicht noch eine dritte Möglichkeit, die in Betracht kam?

In mir gab es noch einen unerfüllten Wunsch und ich dachte darüber nach, ob nicht genau jetzt der perfekte Augenblick gekommen wäre, diesen zu verwirklich. Ich wollte Mutter von drei Kindern sein. Und warum diesen Wunsch aufschieben und vielleicht niemals in Erfüllung gehen lassen? Immerhin waren mein Mann und ich doch recht erfolgreich dabei, bereits zwei Kinder auf die große, weite Welt vorzubereiten. Warum also nicht den Versuch starten, unsere Familie noch zu erweitern? Und wer weiß, vielleicht würde es auch gar nicht gelingen. Schließlich kann niemand garantieren, dass der Wunsch nach einem Kind auch automatisch zu einer gesunden Schwangerschaft führt. Die endgültige berufliche Richtung wurde so also für den Moment in den Hintergrund gerückt – Entscheidung verschoben und doch getroffen ... Ein knappes Jahr später kam meine kleine Tochter Sarina auf die Welt. Ich war zum dritten Mal Mutter geworden.

Die Zeit war nun gekommen, in der sich Frau wirklich beweisen musste. Drei Kinder, davon eines ein Säugling, ein Mann, der seine Selbständigkeit vorantrieb, und eine Mutter, bei der schon einmal die Unterhosen der Kinder ausgehen, die weder backen noch bügeln kann, die erst kocht, seit sie einen Thermomix besitzt (für die männlichen Leser: Das ist eine Küchen-Wundermaschine, mit der selbst der unbegabteste Koch oder die untalentierteste Köchin die wunderbarsten Mahlzeiten herzaubert) und deren Garten das reinste Chaos ist. Zu letzterem will ich gerne anmerken, dass man daraus mit ein wenig Phantasie einen „Kunstgarten" schaffen kann. Das funktioniert, indem man sich entscheidet, dass alles, was nicht von alleine überlebt, nach seinem Dahinscheiden mit Kunstwerken ersetzt wird und so nach einer gewissen Zeit das Bild eines gewollt kreativen Gartenareals entsteht. Aber wie gesagt, es sind nicht die klassischen Werte, die man verkörpern muss, um seine Kinder glücklich zu machen und in einer funktionierenden Familie zu leben, sondern Liebe, Vertrauen, Harmonie und Herzenswärme. Das ist weit wichtiger als jedes versalzene Mittagessen.

Fünf Jahre waren irgendwann vorüber. Fünf Jahre geprägt von Kindern, Haushalt und dem Aufbau meines kleinen Business. Zeit, endgültig Farbe zu bekennen. Und das tat ich dann auch. Ich musste endgültig die Weichen für meine berufliche Zukunft stellen und dabei bedenken, dass ich als Mutter eine große Verantwortung trug und dieser auch gerecht werden wollte. Für mich stellte sich die Frage: Was ist wichtig, wenn man seiner Familie Sicherheit bieten, die eigenen Vorstellungen im täglichen Tun umsetzen und die Tage so einteilen will, wie es mit den Bedürfnissen der Familie vereinbar ist? Was ist der beste Weg, mit viel Spaß und als dreifache Mutter trotzdem Karriere machen zu können?

Viele Wünsche auf einmal und ehrlich gesagt musste ich mir erst einmal ein klares Bild von dem machen, was mich eigentlich motivierte. Ich wusste, dass einer meiner Antriebsfaktoren mein unbedingtes Vertrauen darauf war, dass letztendlich alles gut wird. Mein Unterbewusstsein hatte seine positive Zielsetzung erhalten und hat sich dann auf den Weg gemacht, mich genau an den Punkt zu bringen, den ich erreichen wollte. Aber ich kam auch zu einem anderen, einem etwas überraschenden Ergebnis: Scheinbar besaß ich eine starke intrinsische Motivation, eher zu wissen, was ich nicht wollte, als zu wissen, was ich wollte. Es gibt zwei Arten von Motivation: „hin zu"-motiviert oder „weg von"-motiviert. Bei der ersten Form ist dir bewusst, auf welches Ziel du hinarbeitest. Bei der zweiten Variante weisst du eher, was du nicht (mehr) willst. Also strebst du eine Veränderung an, ohne genau zu wissen, wohin die Reise letztendlich gehen wird.

Wie bitte? Weglaufen als Erfolgsrezept? Zugegeben, das hört sich im ersten Moment ungewöhnlich an und entspricht nicht dem, was so viele andere raten. Aber es ist kein Weglaufen, sondern eine Erkenntnis darüber, was man nicht (mehr) will. Beide Motivationsarten sind gleichwertig, wichtig ist herauszufinden, wie du persönlich tickst, wie du deine Motivation findest. Jeder Mensch hat nun einmal seine Eigenarten, angeboren, antrainiert oder einfach eingehämmert. Ich hatte gelernt, dass ich dem, was mir nicht gefällt oder was mir nicht guttut, den Rücken kehren sollte. Und damit bin ich gut gefahren, denn sonst würde ich heute noch wie viele andere Tag für Tag in dem Hamsterrad des Angestelltendaseins herumstrampeln, ohne auch nur einen Schritt voranzukommen. Sorry, solltest du dich jetzt angesprochen fühlen, so habe ich dies ganz bewusst gemacht.

Angestellter – Selbstständiger – Unternehmer

Schon immer, wenn ich mir die verschiedenen Möglichkeiten, sein Geld zu verdienen (und damit auch sein Leben zu gestalten) mit etwas Abstand angesehen habe, konnte ich nicht verstehen, wie Menschen sich in eine derartig trügerische Abhängigkeit eines Arbeitgebers begeben konnten. Es gehört zu meinem Naturell, dass mir Zustände ins Auge springen, die nicht richtig funktionieren. Und wenn ich so etwas sehe, dann bin ich auch in der Verantwortlichkeit, dies zu ändern oder zumindest die entsprechenden Schlüsse für mich daraus zu ziehen. Als ich nun sah, wie sich tagtäglich Massen gebeugter Angestellter zur gleichen Zeit auf ihren Weg zu ihrem Arbeitsplatz begaben, fragte ich mich, ob es mein Ziel sein könne, auch zum Heer dieser Masse zu gehören. Die Antwort stand schnell fest: „Nein, das kann ich nicht!" Also, was ist meine persönliche Lösung? Ich muss es für mein Leben, und davon habe ich schließlich nur eins, anders machen.

Warum aber nehme ich mir das Recht heraus, die Arbeitsform, die von so vielen Menschen bevorzugt wird, in Frage zu stellen? Das sollte ich auch begründen können. Richtig, genau das werde ich jetzt tun: Arbeitet man als Angestellter in einem Unternehmen, so tauscht man im Prinzip seine Zeit gegen Geld. An fünf Tagen in der Woche erscheint man mehr oder weniger zur gleichen Zeit an seinem Arbeitsplatz und verrichtet sein Tagewerk, bis man nach knapp neun Stunden (die vorgeschriebenen Pausenzeiten sind hier eingerechnet) den Weg nach Hause antreten darf. Dies scheint auf den ersten Blick vollkommen normal zu sein, machen es doch Millionen Menschen auf diesem schönen Planeten ebenso.

Leider ist es so, dass man sich mit einer solchen Art der Anstellung vollständig den Notwendigkeiten des Arbeitgebers anpasst und nicht dem, was eigentlich wichtig in dem einen Leben ist, das einem zur Verfügung steht. Wie sieht es mit den familiären Bedürfnissen aus? Wie mit dem eigenen biologischen Rhythmus? Wäre es nicht viel sinnvoller, sich die eigene Arbeit um die persönlichen Bedürfnisse herumbauen zu können? Oder, besser noch, alles eins werden zu lassen? Davon ist man als Angestellter so weit entfernt wie ein Faultier vor der Erklimmung des Großglockners.

Das ist eben der Preis der Sicherheit eines Arbeitsplatzes im Angestelltenverhältnis, magst du jetzt vielleicht entgegenhalten. Bitte entschuldige, dass du von mir für dieses Argument nur ein Lächeln gepaart mit einem Kopfschütteln ernten würdest. Die angebliche Sicherheit des Angestelltenverhältnisses existiert nicht. Punkt! Wie ich darauf komme? Ganz einfach, du stehst in einer vollkommenen Abhängigkeit der Entscheidungen deines Arbeitgebers. Selbst, wenn es sich um ein renommiertes Traditionsunternehmen handelt, das seit Jahrzehnten deiner Heimat die Treue gehalten hat, kann es plötzlich und ohne eine große Vorankündigung zu Entscheidungen gezwungen sein, die dein angeblich sicheres Gebilde zum Einsturz bringen können. Dies können wirtschaftliche Überlegungen oder Notwendigkeiten sein (beispielsweise die Verlegung ins Ausland aufgrund besserer Produktions- oder Logistikmöglichkeiten). Aber auch eine bloße personelle Umbesetzung kann einen Angestellten in den Abgrund reißen, denn die tägliche Arbeit unter einem neuen Vorgesetzten, dem die eigene Nase nicht gefällt, kann extreme Auswirkungen auf einen selbst haben.

Auch, wenn du es in deinem Unternehmen auf eine höhere hierarchische Ebene geschafft hast, bist du der persönlichen Freiheit nicht einen Millimeter nähergekommen. Zugegeben, wenn du morgens aus deinem Fenster siehst, so steht dort dein schicker Firmenwagen und ein Blick auf deinen monatlichen Gehaltscheck gibt dir das Gefühl, dass du es ganz schön weit gebracht hast. Leider bewegst du dich damit in einem sehr wackligen Kartenhaus und kannst nur hoffen, dass nicht irgendein Windstoß kommt, der alles in sich zusammenfallen lässt. Du solltest dir gerade in einer gehobenen Position in einem Unternehmen immer bewusst sein, dass alles nur auf Zeit zur Verfügung gestellt wird. Dein schönes Büro, dein Firmenwagen, dein Team und dein monatliches Gehalt. Will oder kann dein Arbeitgeber das nicht mehr finanzieren, stehst du sehr schnell vor dem Nichts.

Ich weiß, dass dies harte Worte sind. Und das habe ich ganz bewusst gewählt, denn es ist mein Ziel, Menschen die Augen zu öffnen und aus dem angestammten Alltagstrott herausfinden und wirklich frei werden zu lassen. Nein, ich bin nicht Mutter Teresa, ich will einfach nur Missstände ändern, zumindest in dem Maße, in dem es mir möglich ist. Um das letzte Argument für die angebliche Sicherheit eines Angestelltenverhältnisses zu entkräften, werfen wir einen Blick auf das Gehaltskonto, das häufigste Argument von Angestellten, und den Verweis darauf, dass man so doch sicher und fest mit seinem Geld planen könne. Nun, es stimmt, dass jeden Monat der gleiche Betrag dort eingeht, egal, ob man dafür zu wenig oder zu viel arbeiten musste. Aber ist es wirklich das, was einem zusteht? Überbezahlt sind die wenigsten, so viel steht schon einmal fest. Ebenso wie man auch sicher sein kann, dass der Arbeitgeber an der eigenen Arbeitskraft gut verdient. Also liegt es auf der Hand, dass man selbst eigentlich eine gehörige Portion mehr erwirtschaftet, als man letztendlich erhält. Immerhin müssen dein Arbeitsplatz, deine Arbeitszeit und die Unternehmensgewinne ja auch finanziert werden. Ist dies irgendwann über einen gewissen Zeitraum nicht mehr gewährleistet, so läuft die Sanduhr deiner Kündigung, in Personalersprache gerne „Freisetzung" genannt. All dies waren für mich handfeste Argumente, mich langfristig gegen eine Anstellung zu entscheiden. Bis heute habe ich diese Entscheidung niemals bereut.

Aber natürlich gibt es auch andere Möglichkeiten, seine Brötchen zu verdienen. Wer einmal festgestellt hat, dass er oder sie im Angestelltenverhältnis nicht weit kommen kann und die eigenen Fähigkeiten irgendwo zwischen Schichtbeginn, Mittagspause und Heimweg verloren gegangen sein müssen, der überlegt sich vielleicht, den Weg in die Selbstständigkeit zu gehen. Von meiner Seite aus an dieser Stelle erst einmal eine respektvolle Anerkennung. Zumindest die Befreiung aus den goldenen Handschellen des Angestelltendaseins ist damit geschafft. Und als Selbstständiger wirst du schnell feststellen, dass du weitaus besser bezahlt wirst, als wie du es aus deinen Angestelltentagen kanntest. Wenn du es schaffst, deine Auftragslage in einem positiven Bereich zu halten, so füllt sich dein Bankkonto bis zu einem bestimmten Grad und das hast du dir alleine schon durch deinen Mut verdient.

Nun wäre es nicht fair, an dieser Stelle nicht auch die Gefahren anzusprechen, die auf einen Selbstständigen lauern, nachdem er seine Dienstleistung erst einmal gewinnbringend etabliert hat. Viele, die diesen Schritt gegangen sind, haben nicht bedacht, welche zusätzlichen Aufgaben notwendig sind, wenn man seine eigene Arbeitskraft auf eigene Rechnung anbietet. Immerhin sind Dinge wie Marketing, Akquise, Steuern, Buchhaltung, Einkauf, etc. Dinge, die man nun selbst übernehmen muss (oder Fremdfirmen gegen eine recht hohe Entlohnung dafür engagiert). All das muss man lernen und auch zeitlich noch auf die eigentliche Tätigkeit aufrechnen. Dazu kommt, dass man zumindest in den ersten Jahren der Selbstständigkeit feststellen wird, was der Begriff eigentlich wirklich bedeutet. Man selbst ist im Einsatz – und das ständig. Da wird der Acht-Stunden-Tag schon einmal zu einer romantischen Erinnerung und die Urlaube sind in den ersten Jahren auch etwas, was man wahrscheinlich nur aus früheren Tagen kennt. Egal, wenigstens läuft das Business und die Auftragsbücher sind voll.

Stop! An dieser Stelle begehen die meisten Selbstständigen den großen Fehler, sich den Teller ihrer Möglichkeiten zu voll zu packen. Die Einsicht, dass die Woche nur sieben Tage hat und diese

Tage eben auch nur 24 Stunden, kommt bei vielen zu spät. Nicht nur, dass man dann feststellt, dass die Möglichkeit der Einnahmen dadurch irgendwann begrenzt wird, nein, man rennt auch mit wehenden Fahnen auf eine Überlastung, im schlimmsten Fall auf ein Burnout, zu. Wer hier nicht früh genug die Reißleine zieht, der kann vom Zug der eigenen Selbstständigkeit gnadenlos überrollt werden.

Was bleibt nun, nachdem wir festgestellt haben, dass sowohl ein Angestelltenverhältnis als auch die Selbstständigkeit unser Leben nicht in die Richtung führen, in der wir wirklich glücklich und gleichzeitig finanziell, zeitlich und örtlich vollkommen frei werden können? Liegt es da nicht nahe, einfach Unternehmer zu werden und somit die eigene Arbeitskraft gewinnbringend zu vervielfachen. Der große Boss der anderen zu sein und viel Geld zu verdienen? Natürlich, warum hat es bis zu dieser Überzeugung so lange gedauert? Sollen doch die anderen für einen arbeiten, ebenso wie man selber es jahrelang für den Chef, den man teilweise nur vom Hörensagen kannte, getan hatte. Also, frisch ans Werk und auf zum Reichwerden.

Du befindest dich also nun auf der Schnellstraße zum Unternehmertum. Abends, bevor du einschläfst, hörst du schon die Kassen klingeln und siehst dich in einem schicken Auto durch die Straßen cruisen. Aber halt, plötzlich kommen dir ganz komische Bedenken in den Kopf. Hast du wirklich den Mut, dich auf dieses Abenteuer einzulassen? Benötigst du nicht auch ein nicht ganz unerhebliches Eigenkapital, um deine Idee erst einmal anzugehen? Und wer garantiert dir, dass deine Geschäftsidee überhaupt funktioniert? Immerhin willst du ja viele Menschen einstellen, für die du ja dann auch die soziale Verantwortung trägst. Diese Gedanken lassen dich nicht einschlafen und du fragst dich, ob es wirklich die bestmögliche Idee ist, um das eigene Leben nach deinen persönlichen Vorstellungen zu bestreiten.

Vielleicht bist du jetzt zu dem Entschluss gekommen, dass diese ganzen Gedankenspielereien zwar ganz nett waren, dich aber letztendlich nur zu der Erkenntnis gebracht haben, dass alles so bleiben soll, wie es ist. Du findest dich damit ab, dass es nun einmal gar nicht möglich ist, ordentlich Geld zu verdienen und gleichzeitig deine Zeit einzuteilen, wie sie deinen Bedürfnissen und deinem eigentlichen Tagesablauf entspricht. Außerdem war es ein reines Hirngespinst, örtlich unabhängig arbeiten zu können und deinen Laptop einfach mal in einem netten Café an der kroatischen Küste auszupacken, um von dort aus Geld zu verdienen. Natürlich ist es auch komplett abwegig, wie ein Arbeitgeber an dem Erfolg anderer Menschen teilzuhaben, ohne sie selbst einstellen zu müssen. Na ja, und dieses Gerede von Gleichstellung, also den gleichen Chancen von Mann und Frau, unabhängig von Herkunft und Geschlecht, das kannst du getrost weiterhin den Politikern überlassen. In der Realität gibt es das ja ohnehin nicht – vor allem nicht in deinem Unternehmen. Das beweist schon der Blick in die Führungsetage, die seit jeher zu vier Fünfteln mit den Herren der Schöpfung besetzt ist. War sowieso eine ziemlich blöde Idee. Und so trottest du am nächsten Morgen wie an allen Tagen, Wochen, Monaten und Jahren zuvor wieder zu deiner Arbeit, betrittst das Hamsterrad und setzt es wieder einmal in Bewegung. So, wie jeden Tag.

Du bist kurz vorm Ziel eines anstrengenden Gedanken-Marathon-laufes angekommen. Glückwunsch! Leider hast du einhundert Meter vor dem Zieleinlauf aufgegeben. Schade drum, denn du warst so nah dran. Denn das, was mich vor vielen Jahren im Hörsaal so überzeugt hatte, zeigte sich später als genau das, was es damals versprochen hatte. Ich lebe all diese Dinge, bin Unternehmerin ohne die Nachteile dieser Position in Kauf nehmen zu müssen, dupliziere meine Arbeitsleistung, indem ich mein Team vergrößere, ohne die Personen selber bezahlen zu müssen. Mein Tagesablauf wird bestimmt durch – mich. Mir sagt keiner, wann und wo ich zu erscheinen habe und dass ich mich für einen bestimmten Zeitraum gefälligst meiner Kinder zu entledigen habe. Alles liegt in meinem ganz persönlichen Entscheidungs- und Planungsbereich. Und das Schönste an meiner Aufgabe ist, und das wiederhole ich gegenüber meinen Partnern und Partnerinnen und auch gegenüber dir gebetsmühlenartig, dass man anderen Menschen zum Erfolg verhilft, ohne dadurch einen Nachteil befürchten zu müssen. Im Gegenteil, andere erfolgreich zu machen, macht dich im Network-Marketing selbst noch erfolgreicher. Geht mehr an Win-Win? Ich glaube nicht.

Network-Marketing ermöglicht die perfekte Symbiose deiner persönlichen und sozialen Bedürfnisse. Darüber hinaus stellt es die fairste Form dar, um sein persönliches Einkommen zu generieren, denn die leistungsgerechte Bezahlung ermöglicht es dir, den wirklichen Lohn für das zu erhalten, was du geleistet hast. Wann, wie und wo du arbeitest, ist vollständig dir selber überlassen. Und dies alles ohne jegliches Risiko, denn du trägst keine Verantwortung für Angestellte, Produktions- oder Lagerkosten. Darüber hinaus ermöglicht dir Network-Marketing, dich persönlich zur besten

Version deiner selbst zu entwickeln. Die wunderbare Erfahrung, dich selbst kennenzulernen und zum Positiven zu verändern, bildet die Basis deines späteren Erfolges. Willst du dein Leben bereichern, dir keine Gedanken mehr über eine Work-Life-Balance machen und dazu die Möglichkeit haben, in vollständiger finanzieller Freiheit leben zu können, so solltest du darüber nachdenken, ob nicht auch du den Schritt ins Network-Marketing gehen solltest (wenn du es nicht bereits getan hast). Du wirst es nicht bereuen.

Entscheidung: Network-Marketing zu 100%

Die Entscheidung, nicht mehr in meinen alten Job zurückzukehren, war also endgültig gefallen. Meine Zukunft würde im Network-Marketing liegen, allerdings mit dem Unterschied, dass ich ab diesem Moment nicht mehr einfach nur nebenbei, sondern professionell und mit vollem Einsatz am Erfolg arbeiten wollte. Ob ich wirklich als dreifache Mutter eine Karriere anstrebte? Ja, das tat ich, denn weiterhin mit angezogener Handbremse auf den großen Erfolg hinarbeiten, nein, das konnte ich nicht. Und so hatte ich plötzlich ein neues Motiv, das mich antrieb. Ich setzte den Fokus darauf, es bis an die Spitze zu schaffen.

Ja, ist die Tanja denn von allen guten Geistern verlassen? Wie kann sie ihre sichere Anstellung wegen dieser unsicheren Idee aufgeben, selbständig vegane Pflegeprodukte und Vitalstoffe zu vertreiben? Und das als dreifache Mutter ... Während der Schwangerschaft und

Karenz, ja, da kann man das ja nebenbei machen, ist ja auch nicht so anstrengend, aber als Hauptbeschäftigung? Nein, Tanja, das schaffst du nicht. Da hast du dich wohl ordentlich verrechnet."

Die Stimmen meines etwas weiter gefassten Umkreises hatten sich von einem leichten Grundrauschen zu einem stürmischen Gegenwind aufgebaut. Meine Entscheidung, mich voll und ganz auf das Business Network-Marketing zu konzentrieren, fand, wie soll man sagen, nur sehr zurückhaltenden Zuspruch. Vielleicht wäre auch vollkommenes Unverständnis und gemeinschaftliches Hände-vor-dem-Gesicht-zusammenschlagen die bessere Bezeichnung. Und weißt du was, liebe Leserin und lieber Leser, diese Reaktion überraschte mich nicht einmal. Warum? Weil sie durchweg von Personen kam, die nichts über die Branche wussten. Sie kam von all den Leuten, die nicht darüber nachdachten, wenn sie überteuerte Produkte in ihre Einkaufswagen packten, und die auch keinen Gedanken daran verschwendeten, wie sie Tag für Tag mit ihrer ganzen Arbeitskraft das Geld für ihre Chefs verdienten. Sie kamen von den Personen, die es zwar gut mit mir meinten, aber selbst ihre wertvolle Zeit nicht bei ihrer Familie, nicht mit ihren Kindern, sondern bei ihrem Arbeitgeber verbrachten. Dass ich mich gegen dieses Arbeitsmodell und für ein freies Leben mit Network-Marketing entschieden hatte, verunsicherte sie. Aber ich wusste genau, was ich tat. Meine Entscheidung stand felsenfest und was noch viel wichtiger war – ich hatte sie aus tiefstem Herzen und mit vollster Überzeugung getroffen. Und ich sollte richtig liegen.

Meine Entscheidung für Network-Marketing veränderte mein Leben. Ich hatte mich für diesen Weg entschieden, weil er für mich die sinnvollste, logischste und emotional passendste Möglichkeit darstellte, meine Zukunft nach den eigenen Vorstellungen zu gestalten. Gleichzeitig ließ ich in diesem Moment alle anderen Alternativen los, die ich noch in Erwägung gezogen hatte. Dies liegt im Wesen von Entscheidungen, denn ein „Ja" zu einer Sache bedeutet gleichzeitig auch immer ein „Nein" zu den möglichen Alternativen. Man schiebt sie beiseite und verfolgt deren Umsetzung nicht weiter. Natürlich hat auch jede Entscheidung ihren Preis, und diesen sollte man bei seinen Überlegungen mit einbeziehen. Für mich waren die Konsequenzen in diesem Moment jedoch so überschaubar, dass ich sie nur zu gerne in Kauf nahm.

Jeder Erfolg beginnt mit einer Entscheidung. Warum ist das so? Ganz einfach, um erfolgreich zu sein, muss man seinen eigenen Weg konsequent verfolgen. Und dies kann man nur tun, wenn man sich zuvor bewusst entschieden hat, in welche Richtung man gehen will. Wer aus Angst oder Hemmungen versucht, möglichst jede Entscheidung zu vermeiden und dabei hofft, dass alles schon irgendwie gut werden wird, der wird auf der Stelle stehen bleiben und alle Chancen werden ungenutzt an ihm vorbeiziehen. Wer sich dagegen aber bewusst ent-scheidet, der bestimmt auch die Richtung seines Lebens.

Toolbox
Entscheidende Werkzeuge für deinen Erfolg
Entscheidung

Die letzten Jahre hatten den Grundstein gelegt. Den Grundstein für den späteren Erfolg. Man kann es auch vergleichen mit einer Berufsausbildung. Diese dauert im Durchschnitt drei Jahre, wenn alles ohne Besonderheiten funktioniert. Was hat man am Ende einer Ausbildung? Richtig, die Bescheinigung, dass man eben diese Ausbildung absolviert hat. Im Anschluss wird man bestenfalls von seinem Ausbildungsbetrieb übernommen und lernt noch einmal viele notwendige Details, nämlich die innerbetrieblichen Abläufe, den speziellen Fachbereich, in dem man eingesetzt wird, das wirkliche Arbeitsleben im Allgemeinen und einiges mehr. Ob man über diesen Weg ebenfalls in fünf Jahren erfolgreich werden kann, mag angezweifelt werden.

Natürlich kann man, so wie es viele tun, auch ein Studium anstelle einer Ausbildung anstreben. Dies erhöht die Chancen auf eine lukrative Anstellung in späteren Jahren, ist also eine zeitliche Investition in die persönliche Zukunft (und den Spaßfaktor sollte man natürlich auch nicht ganz außer Acht lassen). Abhängig vom gewählten Studienbereich muss hier ebenfalls eine längere Zeitspanne angesetzt werden, denn die Studienzeiten betragen im Normalfall 3,5 bis 7 Jahre. Ist das Studium dann erfolgreich abgeschlossen, so hat man zwar auch hier einen wohlverdienten und aussagekräftigen Abschluss in der Tasche und den Titel obendrein, aber deshalb ist man noch lange nicht auf dem Olymp des Erfolges angelangt. Die Berufsaussichten sind für Studienabgänger zwar recht gut (abhängig von der Studienwahl), aber auch hier folgen erst einmal einige Jahre des Lernens und der persönlichen Entwicklung. Wenn keine nahen Verwandtschaftsverhältnisse vorliegen, wird keinem Studienabgänger direkt der Direktorensessel angeboten.

Du siehst, dass alles seine Zeit braucht. Es ist auffällig, dass viele davon ausgehen, dass es im Network-Marketing anders sei. Da sehen sich einige schon drei Monate nach ihrem Einstieg als Besitzer eines anschaulichen Eigenheims mit Garten, Garage und Neuwagen. Dass dies dann doch nicht so einfach geht, liegt auf der Hand. Aber trotzdem ist es noch immer so, dass einige Marketer gerne damit locken, dass beinahe unglaubliche Verdienstmöglichkeiten existieren. Anschließend präsentieren sie dann noch einen dieser erfolgreichen Menschen. Nur allzu gerne vergessen sie dabei aber zu erwähnen, dass auch diese Personen lernen und sich persönlich entwickeln mussten, bis sie ihre finanzielle Unabhängigkeit erreicht hatten.

Nun ist es nicht meine Absicht, dir vielleicht aufgekommene Illusionen zu rauben. Aber bitte mache dir in deinem Hinterkopf eine kleine Notiz, dass Erfolg immer eine gewisse Zeit benötigt. Nimm diese Zeit als spannende Lehrjahre, als kleinen Weg, der dich zu der Straße des Erfolges führen wird.

Mein Tipp
Erfolg fällt nicht vom Himmel.
Wie alles, benötigt auch er seine Zeit.
Nutze diese Zeit zum Lernen und genieße den
Prozess deiner persönlichen Entwicklung.
Hektik hält dich letztendlich nur auf,
also gehe deinen Weg fokussiert, aber geduldig.

Zwar ist jeder Weg zum Erfolg ein fortlaufender Prozess, aber es gibt Punkte, an denen man einfach merkt, dass man die nächste Antriebsstufe der Rakete zünden sollte, die einen selbst weiter nach oben schießt. Ich hatte das notwendige Wissen aufgebaut und war bereit dafür, nun wirklich anzugreifen. Und schon lief der Countdown: Fünf, vier, drei, zwei, eins.. ... Zündung!

Von Mamis und Business Ladys

Irgendwo hatte ich einmal in einem Buch, das von einem sehr intelligenten Menschen geschrieben worden war, gelesen, dass man immer „man selbst" sein sollte. Ich weiß noch, dass ich in diesem Moment gedacht habe: „Super, dann ist ja alles gut, denn das bin ich doch." Irgendwann stellte ich jedoch fest, dass dies scheinbar doch nicht der Fall war. Im Gegenteil, ich war eigentlich noch sehr weit davon entfernt. Das hing damit zusammen, dass Menschen immer ihre Zeit benötigen, um wirklich zu wissen, was sie wirklich wollen und wer sie wirklich sind. Manche kommen nie an diesen Punkt, und ohne es zu wissen, verpassen sie ausgesprochen viel.

Wenn man sich seiner selbst annähert (wer weiß schon, wann er wirklich seine vollkommene Authentizität erreicht hat), stellt sich ein überaus interessantes Phänomen dar: Authentische Menschen, also Menschen, die sich so geben, wie sie denken, fühlen und wie es ihrer Person wirklich entspricht, ziehen unweigerlich Gleichgesinnte an. Zwar hatte ich auch dies gelesen, aber ich muss zugeben, dass mir damals der Glaube daran fehlte. Heute kann ich mit bestem Gewissen sagen, dass jedes Wort richtig ist. Man muss nicht einmal etwas dafür tun – plötzlich trifft man überall Menschen, bei denen kein Verstellen mehr notwendig ist. Besser gesagt, man lernt, dass dieses Verstellen eigentlich niemals notwendig war. Man trifft die Menschen, die einen so achten, schätzen und lieben, wie man wirklich ist.

Warum spreche ich dieses Thema eigentlich an? Der Grund ist denkbar einfach, denn ich machte genau diese Erfahrung, nachdem ich ausreichend Zeit im Network-Marketing zugebracht hatte. War es zuvor so, dass ich versuchte, neue PartnerInnen über verschiedene Kanäle zu erreichen, so fanden nun plötzlich die richtigen Kontakte mich. Und mit „richtig" meine ich diejenigen Personen, die anschließend extrem viel in unserem Business bewegten. Zu Beginn hätte ich mir nie träumen lassen, dass es irgendwann einmal zu diesem Punkt kommt, aber nun spürte ich, dass vieles begann, wie von alleine zu funktionieren.

Man kann nun sagen, dass dies alles mehrere glücklich Zufälle waren, die dort aufeinandertrafen, aber das war nicht der Fall. Vielmehr war es eine logische Folge dessen, dass ich inzwischen das richtige Mindset hatte, meine persönliche Entwicklung in den zurückliegenden Jahren stark vorangeschritten war und andere Personen mich wirklich authentisch antrafen. Das ist mir heute wesentlich klarer, als es damals der Fall war. Andere spürten das und fühlten sich davon angezogen. Und diese Menschen passten in so vielen Beziehungen zu mir. Ich spürte, dass etwas sehr Großes zu wachsen begann. Denn irgendwann erreichst du den Punkt, an dem du merkst, dass du die Dinge und die Zukunft selber in der Hand hast. Wenn erst einmal dein Mindset stimmt, dann passiert alles genau diesem Glaubenssatz entsprechend. Und ich glaubte damals fest daran, dass die richtigen Leute zu mir kommen werden und ich sie gar nicht mehr von mir aus ansprechen musste. Und sie kamen wirklich!

Was aber hatte sich in meinem Mindset geändert, dass es so einen erheblichen Unterschied ausmachen konnte? Es war meine schonungslose Offenheit gegenüber mir selbst, der vollkommen ehrliche Blick auf das, was ich wirklich wollte. Und es war die Erkenntnis, dass meine persönliche Karriere von einer bestimmten Art Menschen begleitet werden sollte. Ich wollte mit Frauen zusammenarbeiten, die ebenfalls eine eigene Karriere anstrebten. Frauen, die Biss hatten und hungrig auf ein persönliches Weiterkommen waren. Ich wollte Frauen, die nicht nur eine Familie, sondern zusätzlich auch das Berufsleben meistern wollten, ohne sich selbst dabei aus dem Blick zu verlieren. Ich wollte nicht mehr nur Mamas anziehen, ich wollte echte Business Ladys.

An dieser Stelle ist es angebracht, einige Worte zu dieser Unterscheidung von „Mamas" und „Business Ladys" zu sagen. Wenn ich von Mamas spreche, dann ist das gewiss nicht geringschätzig gemeint. Ganz im Gegenteil, denn ich weiß nur zu gut, was es bedeutet, Kinder großzuziehen und einen familiären Haushalt zu schmeißen. Ebenso war und bin ich froh über jede Frau/Mutter/„Mama", die meine Partnerin wird, um ihr Einkommen ein wenig aufzubessern, indem sie nebenbei mit unseren Produkten etwas dazuverdient. Es wäre undenkbar, auf diese „Mamas" zu verzichten.

Mein Hauptaugenmerk lag ab einem gewissen Moment trotz alledem darauf, eben die Business Ladys zu finden, die mit ganzer Kraft und Energie in das Geschäft einsteigen wollten. Damen, die wirklich verstanden, welche unglaublichen Chancen sich im Network-Marketing für sie auftaten. Frauen, die ihre Dankbarkeit, dass neben der Familie auch eine Karriere möglich ist, durch Leistung, Motivation und Erfolgshunger ausdrücken wollten. Wie gesagt, nachdem ich mir das bewusst gemacht hatte, stellte sich mein Mindset darauf ein. Die ersten Damen dieser Kategorie ließen nicht lange auf sich warten. Die ersten gemeinsamen Erfolge auch nicht.

Wenn du es nicht bereits getan hast, so solltest du dir in einer ruhigen Minute einmal Gedanken über deine wahre Persönlichkeit und über deine persönlichen Glaubenssätze machen. Gibt man sich selbst diese Zeit, so kann man viel Überraschendes entdecken, denn in unserem hektischen Alltagsleben beschäftigt man sich im Regelfall nur sehr selten mit sich selbst. Wenn du Schwierigkeiten damit haben solltest oder nicht weißt, welche Fragen du dir eigentlich stellen solltest, so folgen einige Inspirationen, die dir helfen, mehr über dich selbst zu erfahren.

Mein Tipp
Frage dich Dinge wie …

- In welchen Situationen gebe ich mich anders, als es mir entspricht?

- Was habe ich zu befürchten, wenn ich mich nicht verstellen würde?

- Was sind die drei Dinge auf dieser Welt, die mir wirklich wichtig sind?

- Auf einer Skala von Eins (wenig ausgeprägt) bis Zehn (vollkommen ausgeprägt) sehe ich mein Level von Authentizität bei der Zahl ...

- Was für Menschen will ich um mich haben, um mich wirklich glücklich, sicher und geborgen zu fühlen?

- Kenne ich diese Menschen bereits heute oder bin ich noch auf der Suche?

- Welche Eigenschaften verstecke ich zumeist, weil ich befürchte, dass andere sie als negativ empfinden könnten?

- Was sind meine Charaktereigenschaften, die andere an mir lieben können?

- Für welche Glaubenssätze stehe ich?

Es gibt viele weitere Fragen, die dir helfen, deinem wirklichen Kern näher zu kommen. Nimm dir die Zeit, dich selbst zu erforschen und glaube daran, dass es sie gibt, die Menschen, die dein Leben bereichern und die so denken wie du. Suche sie nicht, sie werden zu dir kommen, wenn die Zeit dafür reif ist. Je mehr du diesen Prozess vorantreibst, umso mehr wirst du erleben, wie zunehmend Menschen zu dir stoßen werden. Menschen, die die gleichen Ziele und Werte verfolgen wie du.

„Ja, aber ..."

Mein Team baute sich auf, immer mehr PartnerInnen stießen dazu. Und auch bei unserem Partnerunternehmen kam es zu spannenden Neuerungen. Uns wurde die Möglichkeit geboten, sich als Trainer ausbilden zu lassen. Ich lernte, wie ich meine neuen Partner und Partnerinnen nun auch methodisch und didaktisch das näherbringen konnte, was ich ihnen sagen wollte und was ihnen den Weg zum langfristigen Erfolg ebnen sollte. Endlich hatten wir ein professionelles und standardisiertes Einarbeitungs- und Ausbildungskonzept.

Nun stellt sich die Frage, wie es eigentlich möglich ist, die „besten" PartnerInnen zu finden oder – besser – von ihnen gefunden zu werden. Wir hatten im vorangegangenen Kapitel über das Phänomen gesprochen, dass die passenden Menschen zu einem stoßen, wenn man das richtige Mindset hat und von diesem auch vollkommen überzeugt ist. Ist dies erst einmal geschehen, so folgt der nächste Schritt. Man selbst muss wissen, wen man in diesem Moment eigentlich sucht. Ja, wirklich, es passt nicht jeder zu jedem, und man findet nicht immer das, was man gerade benötigt. In verständlichen Worten: Ich wollte die richtigen PartnerInnen in meinem Team haben, und hier hatte ich klare Vorstellungen: Ich wollte erfolgsorientierte Businessfrauen treffen und zu PartnerInnen machen. Was mir zu dieser Zeit wichtig war, war, dass ich Personen finde, die etwas erreichen wollten, die wirtschaftlich orientiert waren und die richtig Lust auf Karriere hatten. Männer und Frauen, die das gleiche Mindset hatten, wie ich es mir inzwischen zugelegt hatte.

Mit zunehmendem Alter, oder bezeichnen wir es einmal als wachsende Reife, schärft sich auch die Menschenkenntnis. Dies ist ein normaler Prozess, denn eigene Erfahrungen aus den Begegnungen all der Jahre lassen einen auch nur halbwegs intelligenten Menschen dazulernen. Ich hatte viele Menschen getroffen und inzwischen sehr genau mitbekommen, welche von ihnen ich nicht in meinem beruflichen Umfeld haben wollte. Allen voran sind hier diejenigen zu nennen, deren Sätze meist mit den Worten „Ja, aber ..." beginnen. Ich bin sicher, dass dir genau diese Spezies Mensch auch schon vermehrt begegnet ist, denn sie ist recht verbreitet. Was diesen Leuten fehlt ist der unbedingte Wille und der Glaube daran, dass man ein Ziel wirklich erreichen wird. Und das von Beginn an, denn ihre Zweifel haben sich derart in ihrem Sprachgebrauch manifestiert, dass sie gar nicht mehr uneingeschränkt ein Ziel ansteuern können, ohne ihren schweren Rucksack voller „Ja, abers ..." bei jedem Schritt auf ihrem strapazierten und schmerzenden Rücken zu spüren.

Nach meiner persönlichen Überzeugung ist bei diesen Menschen der Leidensdruck einfach noch nicht groß genug, denn sie wenden viel Energie auf, um ein späteres Scheitern bereits im Vorfeld begründen zu wollen. Nun mag sich meine Einstellung hier ein wenig radikal anhören, aber das hat auch einen einfachen Grund: Sie ist in dieser Beziehung auch radikal! Überlege dir selbst einmal, wie deine bisherigen Zusammentreffen mit „Ja, aber ..."-Personen verlaufen sind. Zumeist begegnet man diesen Leuten im beruflichen Kontext, manchmal auch in persönlichen Beziehungen. Bei jedem, wirklich jedem gut gemeinten Vorschlag für eine Veränderung, Verbesserung oder Überarbeitung eines Systems oder Zustandes heben sie den Finger und beginnen ihren Einwand mit ... – na ja, du weißt schon. Präsentierst du nun eine veränderte Idee aufgrund der zuvor gehörten Einwände, so wirst du von der gleichen Person(engruppe) exakt die gleiche Reaktion erfahren: „Ja, aber ..."

Nun könnte man einwenden, dass es gut ist, wenn man scharfsinnige Bedenkenträger in den eigenen Reihen hat. Menschen, die sofort sehen, wo die Fallstricke eines Vorhabens liegen. Immerhin vermeidet dies spätere Überraschungen. Nein, tut es nicht! Denn beinahe jeder sieht die Schwachstellen eines Plans. Es kommt aber darauf an, wie man mit diesen umgeht. Schließlich gibt es nichts auf der Welt, was perfekt ist. Jede Idee, jede Theorie und jedes Vorgehen hat seine Schwachstellen und das ist uns Menschen auch bewusst. Warum also fühlen sich manche berufen, ihren Finger direkt darauf zu legen und zu sagen: „Schau mal, ich habe hier eine dieser undichten Stellen gefunden."? Das bringt niemanden weiter, ist nicht zielführend und zudem noch ausgesprochen demotivierend. Natürlich sollte man nicht sofort weghören, wenn eine Person einen Satz mit „Ja, aber ..." beginnt. Man selbst sollte jedoch möglichst schnell gewichten, um was für eine Form des Einwandes es sich dabei handelt.

Was ist es nun, was die „Ja, aber ..."-Sager dazu motiviert, ihr Vorgehen stoisch fortzusetzen und sich in ihrer Rolle augenscheinlich doch ausgesprochen wohl zu fühlen? Es ist die angenehme Möglichkeit, sich selbst nicht beweisen zu müssen. Dadurch, dass sie auf einen angeblichen Missstand hinweisen, haben sie nach eigenem Verständnis bereits genug getan, denn sie haben ja gerade ein Problem im Vorfeld erkannt. Das nimmt sie bereits aus der Verantwortung, denn sie können ab diesem Moment die „Hab ich doch gesagt"-Position einnehmen. Und in dieser sind sie nicht der Gefahr des Versagens ausgesetzt und müssen sich nicht beweisen.

Nun mag es dich überraschen, dass ich nach diesem (zugegeben ein wenig emotionalen) Exkurs sage, dass auch ich diese Eigenschaft in mir trage. Mehr noch, sie war sogar relativ stark ausgeprägt. Bei mir hatte das „Ja, aber ..." einen anderen Hintergrund. Dieser Rucksack stammt aus meiner Kindheit, in der ich nicht wirklich gehört wurde. Das habe ich erkannt, und konnte damit diese Eigenschaft in ein produktives, schlagkräftiges Handwerkszeug verwandeln. Es gehörte schon immer zu meinen herausstechenden Charaktereigenschaften, dass ich sehr schnell erkannt habe, wenn etwas nicht wirklich gut funktionierte. Die junge, unerfahrene, wilde und von Revolutionsgedanken angetriebene Tanja war in vielen Momenten die erste, die lautstark darauf hinwies und sich von den anderen den wohlverdienten Applaus erhoffte. Immerhin war ich eine hervorragende „Ja, aber ..."-Sagerin mit selbstbescheinigtem Potenzial auf einen Platz in den Top 10 dieser Kategorie. Aber niemand klatschte. Niemand klopfte mir auf die Schulter und raunte mir ins Ohr:

„Danke, Tanja, du hast heute zum zwölften Mal die Welt gerettet."

Der Fehler meines Vorgehens war der gleiche, den ich heutzutage bei meinen Nachfolgern an „Ja, aber ..."-Sagern beobachten kann. Sie entdecken alles, was nicht optimal läuft (soweit okay), machen dies offensichtlich und teilen sich mit (auch okay, wenn der nächste Schritt auch folgen würde – tut er aber nicht). Als ich dies irgendwann erkannte, hatte ich unbewusst bereits den ersten Schritt in Richtung Veränderung getan, denn ist man sich erst einmal bewusst, dass man gewisse Angewohnheiten oder Verhaltensweisen ändern sollte, so befindet man sich bereits auf einem guten Weg zu deren Verbesserung. Schritt Zwei ist dann unausweichlich die Überlegung, wie man sich selbst weiterentwickeln kann, wie man sich selbst zu einem konstruktiveren Menschen machen kann, wie man selbst dadurch eine bessere Version seiner selbst werden kann. Nach dieser Erkenntnis gewöhnte ich mir bewusst an, Kritik nur noch dann zu äußern, wenn ich dies in einer sachlichen und möglichst emotionsfreien Form tun konnte, indem ich den eigentlichen Sachverhalt in den Mittelpunkt stellte. Ich wollte mich produktiv einbringen, nicht mehr nur destruktiv. Und dazu gehörte, nur noch dann auf Missstände hinzuweisen, wenn ich auch einen passenden Vorschlag zu deren Verbesserung unterbreiten konnte. Es dauerte nicht lange, bis meinen verbalen Einwürfen mehr Beachtung geschenkt wurde. „Da will jemand etwas verändern," hieß es plötzlich, „da äußert jemand wirklich konstruktive Kritik."

Mein Tipp:

Lasse dich nicht von „Ja, aber ...“-Sagern zurückhalten. Wenn du deinen Weg gehen willst, dann folge deiner Intuition und deiner Energie. Lass dir nicht die Zweifel der anderen als störende Steine in den Weg legen. Lass sie einfach auf der Stelle stehen, während du vorankommst. Und bedenke: Du bist die Summe der zehn Menschen, die dich umgeben. Also check mal deine liebsten Mitmenschen um dich herum 😌

Aha, interessant!

Gerne würde ich dir noch einen kleinen, aber ungemein hilfreichen Hinweis mit auf deinen Weg geben, der mir persönlich so viele Türen geöffnet hat, nachdem ich erst einmal ein bestimmtes, menschliches Verhaltensmuster beobachtet und mir im Anschluss daran Gedanken gemacht habe. Es geht um den Umgang von Einwänden, sei es in privater oder in geschäftlicher Beziehung.

Wir Menschen neigen instinktiv dazu, Dinge in Frage zu stellen. Sicher, dies hat in der Evolutionsgeschichte eine Unmenge von Entwicklungen mit sich gebracht, denn die menschliche Spezies hat sich bis zum heutigen Tag nur deshalb so weit entwickelt, weil sie nicht einfach alles angenommen hat, was sie bis zu einem bestimmten Punkt erlernt hatte. So haben wir uns aber auch einen inneren Widerstand angeeignet, mit dem wir heutzutage zum Teil nur schwerlich umgehen können. Ein kleines Beispiel, das du gerne einmal in deinem Kopf durchspielen kannst:

Stell dir vor, du sitzt in einem Café, bestellst dir ein Getränk und lässt deinen Blick durch den Raum schweifen. Du entdeckst einen Tisch, an dem zwei Personen zusammensitzen und sich unterhalten. Sofern es sich nicht gerade um ein frisch verliebtes Pärchen handelt, wird höchstwahrscheinlich im Laufe dieses Gespräches der Punkt kommen, an dem die beiden über ein Thema oder einen Sachverhalt sprechen, an dem ihre Meinungen offensichtlich auseinandergehen. In unserem Beispiel verläuft das Gespräch folgendermaßen:

Person A:	„Die Bedienung könnte ruhig ein bisschen schneller sein."
Person B:	„Es ist ja auch voll, da hat sie eben eine Menge zu tun."
Person A:	„In ihrem Job muss sie damit rechnen. Dann muss sie sich etwas besser organisieren."
Person B:	„Du weißt doch gar nicht, ob sie neu hier ist. Vielleicht lernt sie noch."
Person A:	„Na, noch schöner, dann sollte sie hier nicht alleine servieren. Und wir müssen warten. Frechheit!"
Person B:	„Nun bleib doch mal auf dem Teppich..."
Person A:	„Von wegen! Ich bezahle hier mit meinem hart verdienten Geld und verlange entsprechenden Service. Der Laden sieht mich nie wieder!"

Was ist passiert? Hier zeigt sich das typische menschliche Verhaltensmuster, nach dem wir instinktiv die Aussage des anderen "gegenargumentieren" wollen und eine Widerstandshaltung einnehmen. Der Erfolg unserer Argumentation ist allerdings in den meisten Fällen kaum gewährleistet, denn wir verhärten nur die Haltung der anderen Person. Verzwickt, oder?

Susanna Mittermaier hat in ihrem Buch „Pragmatische Psychologie" einen interessanten Ansatz aufgeführt. Dieser besagt, und meine Erfahrungen geben dem voll und ganz Recht, dass wir zuerst lernen sollten, dass prompte Bewertungen oder Rechtfertigungen uns nicht zum Ziel führen. Was wäre wohl geschehen, wenn in unserem Beispiel Person B gar nicht versucht hätte, eine Entschuldigung für die langsame Bedienung zu finden. Wie hätte sein Gesprächspartner wohl reagiert, wenn er auf die Bemerkung „Aber sie müsste schneller arbeiten." lediglich mit einem „Aha, interessant." reagiert und damit eine wertfreie Haltung eingenommen hätte? Du weißt es nicht? Dann probiere es ruhig einmal aus. Verzichte auf das Gegenargument, das dir bereits auf der Zunge liegt, denn dieses wird dein Gegenüber nur dazu veranlassen, dieses wiederum zu entkräften – wahrscheinlich sogar ziemlich vehement.

Die Formulierung „Aha, interessant." birgt einen gewissen Zauber, denn sie signalisiert deinem Gesprächspartner, dass du gar nicht (verbal und argumentativ) kämpfen willst. Im Gegenteil, dein Gegenüber fühlt sich angenommen. Und es ist nun einmal ein Grundbedürfnis für uns Menschen, angenommen zu werden. Warum also sollen wir nicht dieses Gefühl vermitteln? Es ist so viel angenehmer, kräfteschonender – und erfolgsversprechender.

Werfen wir noch einmal einen Blick auf das Gespräch. Wie würde es weiter verlaufen, wenn wir es ein klein wenig anders aufgezogen hätten?

Person A: „Die Bedienung könnte ruhig ein bisschen schneller sein."
Person B: „Denkst du, sie ist neu hier?"
Person A: "Weiß ich nicht. Aber sie müsste schneller arbeiten."
Person B: „Aha, interessant."

Nun gilt es manchmal, ein paar Sekunden überraschtes Schweigen auszuhalten.

Person A: „Na ja, vielleicht ist sie ja wirklich neu in dem Job. Dann müsste das Café ihre Einarbeitung aber besser organisieren."
Person B: „Das mag sein."
Person A: „Zumindest scheint sie sich ja zu bemühen. Wer weiß, vielleicht ist auch jemand ausgefallen."
Person B: „Bei dem Wetter kann das gut möglich sein."
Person A: „Na ja, dann gedulden wir uns noch ein wenig. Wir haben es zum Glück ja nicht eilig."

Hier bewahrheitet sich wieder, dass man viel weiter kommt, wenn man nicht bewertet, sondern einfach unverkrampft und locker agiert. Wie auch in anderen Branchen kommt einem dieses Vorgehen natürlich auch im Network-Marketing zugute, denn auch hier findet man verbal viel leichter zueinander, wenn man auf Bewertungen sowie auf seine Widerstandshaltung verzichtet.

Kapitel 3:
Ich bin begeistert!
Wie kann es jetzt noch besser werden?

Ich werde international

Nachdem immer mehr dieser außergewöhnlichen PartnerInnen, meine persönlichen „High Potentials", eingestiegen waren, spürte ich, dass sich die Erfolgsspirale schneller zu drehen begann. Es war eine Zeit des Aufbruchs, in der ich wusste, dass etwas wirklich Großes beginnen kann. Das Wichtigste dabei waren eben genau diese PartnerInnen, Menschen, die einen mit viel Herzblut und Enthusiasmus unterstützen. Zusätzlich hatte ich inzwischen ja auch einiges an Wissen und Professionalität im Gepäck:

- Mehrere Jahre Erfahrung im Network-Marketing, was bedeutete, dass ich mein Handwerkszeug beherrschte.
- Ein Netzwerk, was sich inzwischen nicht nur quantitativ, sondern auch qualitativ vergrößert hatte und immer weiter vergrößerte
- Den Drang, es denen, die immer gesagt haben: „Du schaffst das nicht!" zu zeigen
- Das richtige Mindset
- Lust auf Erfolg
- Intuition

Stop! Was sucht denn dieser nebulöse Ausdruck „Intuition" in dieser Aufzählung? Und das gerade von Tanja Doboczky, die ihrem Umfeld eher als pragmatisch und realistisch bekannt ist. Gute Frage, es ist eben ein Teil von mir und ich habe gelernt, diesem zu folgen – gerade in Augenblicken, in denen sich Weichen für meine Zukunft zu stellen scheinen. An einen solchen Moment erinnere ich mich nur zu gerne.

Es war in der Zeit, als auch für mein Partnerunternehmen erkennbar wurde, dass bei der Tanja scheinbar etwas passiert. Hatte ich die ersten Jahre eher daran gearbeitet, das Business besser zu verstehen sowie Schritt für Schritt und in einem überschaubaren Rahmen KundInnen und PartnerInnen zu gewinnen, so schien ich nun bereit für mehr. Dies ließ sich recht deutlich an den steigenden Umsatzzahlen sowie der sprunghaften Zunahme meiner PartnerInnen erkennen, als deren Mentorin ich fungierte. „Mentor" bezeichnet im Übrigen diejenige Person, die andere für dieses Business gewinnt und, was noch wesentlich wichtiger ist, im Anschluss zu bestmöglichen Leistungen coacht und sie dabei unterstützt, die beste Version ihrer selbst zu werden. Insofern waren natürlich auch die generierten Umsätze der von mir trainierten Partner und Partnerinnen ein vielsagendes Indiz dafür, dass ich jetzt wirklich durchstarten wollte.

Hatte ich zuvor erwähnt, dass es auf das richtige Mindset ankommt, um die richtigen Begleiter auf dem Weg der Erfolgsstraße zu finden, so verhält es sich ebenso mit den Möglichkeiten, die sich plötzlich und zumeist vollkommen unverhofft ergeben. So war es auch in diesem Fall:

Ich arbeitete an meinem Vision Board, einer großen Tafel oder einer Leinwand, auf der ich meine Ziele und Träume visualisierte. Wozu das gut sein soll? Nun, es ist eine gängige und umfänglich erprobte Methode, sich eingehend Gedanken über das zu machen, was man erreichen will. Die Visualisierung der eigenen Ziele auf diesem Vision Board bietet den wunderschönen Nebeneffekt, dass die Bilder und Gefühle geradewegs den Weg ins Unterbewusstsein finden. Jetzt fragst du dich vielleicht, wie das funktionieren soll. Hab bitte noch ein wenig Geduld – dieses Thema ist so überaus interessant und essentiell für den Weg zum Erfolg, dass etwas später noch genauer darauf eingegangen wird.

Und was genau ist eine Vision? Das sind Dinge, Träume, Ziele, Wünsche, Vorstellungen, …, die man erreichen will. Manche dieser Visionen sind größer als man selbst, beziehen andere Menschen mit ein oder verändern ganze Regionen. Auch, wenn sie im ersten Moment nicht erreichbar erscheinen, so gibt es doch Herangehensweisen, die letztendlich auch die größte Vision realistisch werden lässt.

Zurück zu mir und meinem nachdenklichen Gesicht beim Blick auf das Vision Board. Ich fragte mich, was ich wirklich erreichen wollte. Neben einigen weitergehenden Ideen, die den andauernden Ausbau Österreichs und Deutschlands betrafen, machte sich plötzlich das unerklärliche Gefühl in mir breit, mit der Businessidee meines Partnerunternehmens in Spanien zu expandieren. Spanien. Warum Spanien? Ich hatte zu diesem Land ein ambivalentes Verhältnis, verband es sowohl mit positiven als auch negativen Erinnerungen. Aber trotzdem, irgendetwas in mir sagte, dass ich dorthin gehen und das Business aufziehen sollte. Und dieses „Etwas" war nicht mein Partnerunternehmen, denn Spanien stand ganz und gar nicht auf dessen Plan. Es war einfach meine Intuition, die mich in diesem Moment selbst verblüffte.

Um ehrlich zu sein, wurde mir bei näherer Überlegung angst und bange und die Vorstellung, mich an ein so großes Ziel heranzuwagen, ließ alte Ängste in mir aufkeimen. Ich bekam mit einem Mal Schweißausbrüche, denn der Respekt davor, die Produkte dort zu etablieren und dazu noch PartnerInnen vor Ort zu gewinnen, war ausgesprochen groß. Hinzu kam, dass meine Spanisch-Kenntnisse sich eher im Bereich des unteren Durchschnitts bewegten, weswegen die Sinnhaftigkeit dieser Vision doch stark hätte in Frage gestellt werden sollen.

Meinen Kindern waren meine Überlegungen vollkommen gleich, denn für sie zählte die Nähe und die Zuwendung, die sie von ihrer Mutter erwarteten. Stattdessen spielte eben diese Mutter nun mit dem irrwitzigen Gedanken, in einem fernen Land zu expandieren, an dessen Horizont just zu dieser Zeit dunkle Wolken am Himmel aufzogen. Wirtschaftlich ging es bergab und es war nur schwer vorherzusehen, wie die weitere Entwicklung Spaniens aussehen würde.

Trotzdem, ich hatte mich zu diesem Abenteuer entschieden, wollte es schaffen. Letztendlich war es die mir eigene Mischung aus Mut („Was soll`s, ich probiere es einfach aus. Was kann schon schlimmstenfalls passieren?"), Verrücktheit („Und wenn keiner daran glaubt, ich mache es einfach.") und dem Glauben an die

Kräfte des Universums („Wenn ich daran glaube, dann wird auch Hilfe kommen"), die mich den finalen Entschluss fassen ließ, das Projekt „Expansion Spanien" anzugehen. Selbst, wenn mich der Gedanke immer wieder einholte: Hat dich jetzt eigentlich der Größenwahn befallen?

Ich klemmte das Vision Board unter den Arm und überlegte, wo ich es platzieren sollte, sodass ich es keinesfalls übersehen würde. Es sollte ein Platz sein, an dem ich jeden Tag daran erinnert werden sollte, was meine Ziele sind. Und es gab diesen Platz in einem der Räume unseres Hauses, meinem Home-Office, den ich Tag für Tag mehrmals durchqueren und somit auch an dem Vision Board vorübergehen musste. Ich gewöhnte mir an, mich davorzustellen, meine Ziele zu betrachten und das Gefühl in mir aufzubauen, das ich haben würde, wenn ich es bereits erreicht hätte. Das war gar nicht schwer und schnell gelang es mir, mich so zu fühlen, als hätte ich die Expansion bereits erfolgreich abgeschlossen. Ein wunderbares Gefühl und mein Körper gewöhnte sich schnell daran. Ebenso manifestierte ich in meine Gedankenwelt ganz bewusst ein Wortspiel. Ich sagte mir immer und immer wieder den Namen meines Partnerunternehmens, gefolgt von „Spanien" und „Tanja Doboczky". Ich sagte es so oft, dass es für mich eine unzertrennliche Einheit wurde.

Hokuspokus, so denkst du dir jetzt vielleicht. Immerhin ist es ja nicht möglich, allein durch Gedanken, Wortspiele oder dem Betrachten eines Vision Boards seine veganen Pflegeprodukte und Vitalstoffe in einem fremden Land an die Frau oder den Mann zu bringen. Also was soll der ganze faule Zauber? Solltest du Gedanken in dieser Art haben, so ist dies nur zu verständlich. Bitte tu mir aber den Gefallen und lies weiter, denn du wirst nach und nach verstehen, warum mein Vorgehen letztendlich doch zum Erfolg geführt hat und warum diese verschiedenen Aspekte den hauptsächlichen Anteil daran getragen haben.

Es vergingen einige Tage, da geschah etwas schier Unglaubliches, was mein berufliches Leben verändern sollte. Im Zuge meiner Präsentationstätigkeiten lernte ich eine Frau kennen, sehr nett und aufgeschlossen. Wir unterhielten uns ein wenig und sie erzählte mir, dass auch sie einen Traum, eine Vision, habe: Sie wollte in Klagenfurt, in Kärnten, Karriere machen. So weit, so gut. Diesen Wunsch haben schließlich einige und manche schaffen es sogar, ihn letztendlich auch zu realisieren. Es gab aber noch einen weiteren Punkt, der für sie eine scheinbar unüberwindliche Hürde darstellte. Sie wollte diesen Erfolg in ihrer Muttersprache erreichen – und da sie Kubanerin war, war ihre Sprache folgerichtig Spanisch. Wahrscheinlich stand ich mit offenem Mund da, denn ich wusste instinktiv, dass dieses Treffen wohl doch kein wirklicher Zufall sein konnte.

So standen wir uns gegenüber, zwei Frauen die sich gerade erst kennengelernt hatten. Und dann stellte sie die Frage, die alles verändern sollte: „Kann man das auch in Spanien machen?" Ich dachte in diesem Moment, mich trifft der Schlag. Plötzlich und unerwartet schien der Beginn zur Erfüllung meiner Vision zum Greifen nahe. Mit einem Mal war sie vollkommen realistisch geworden.

Natürlich kann man dieses Treffen als reinen Zufall abtun. Manch einer wird sich auch denken, dass ich einfach Glück gehabt habe. Ich bin diesbezüglich jedoch anderer Meinung, denn auch hier bewahrheitet sich einmal mehr, dass man die richtigen Menschen zur richtigen Zeit finden wird, wenn man seine Ideen, Träume und Visionen verinnerlicht und sie somit auch ausstrahlt. Und Glück kann man auch nur haben, wenn man daran arbeitet (wie willst du beispielsweise im Lotto gewinnen, wenn du niemals einen Tippschein ausfüllst?).

Wir brauchten nicht lange, bis uns beiden klar wurde, dass wir uns zusammentun und gemeinsam die Vision „Spanien" zum Leben erwecken sollten. So wurde sie meine Partnerin und wir begaben uns daran, die Expansion Schritt für Schritt zu planen und schließlich tatkräftig ans Werk zu gehen. Trotzdem meine Kinder immer an erster Stelle für mich standen, schaffte ich mir den Freiraum, zusammen mit ihr mehrfach nach Spanien zu reisen und gemeinschaftliche Produkt- und Businesspräsentationen durchzuführen. Wir ergänzten uns phantastisch – während sie meine wenigen Spanischkenntnisse ausglich, unterstützte ich sie mit meinem fachlichen Input. Gebündelte Frauenpower unter südlicher Sonne. Wir waren voll motiviert, hatten ein gemeinsames Ziel und setzten unsere gesamte Energie ein, um unser Projekt voranzutreiben.

Aber wie war das gleich mit diesen Rückschlägen, mit den Umwegen, die man manchmal nehmen muss, um ein Ziel zu erreichen? Manchmal treffen einen diese gebündelt und für jeden Schritt, den man vorankommt, muss man vorher zwei Schritte zurückgehen. Bei uns war es nicht anders. Die Wirtschaftskrise, die sich angebahnt hatte, fiel über Spanien herein wie ein böser Sturm, der vom Meer herkommend das Festland heimsucht. Viele Menschen verloren ihre Arbeitsplätze, Banken wurden zahlungsunfähig und Unternehmen mussten reihenweise Konkurs anmelden. Wir versuchten positive Energie in einem Land auszustrahlen, dass sich wirtschaftlich in vollem Tempo auf Talfahrt befand. Doch gerade in diesen Momenten muss man eines unter Beweis stellen, was unabdingbar ist, wenn man sein Leben erfolgreich gestalten will: Ausdauer und Beharrlichkeit. Und diese kann man am besten entwickeln, wenn man einen Traum verfolgt, wenn man die eigene Vision real werden lassen will – trotz aller Widerstände.

Wir fanden bald Unterstützung vor Ort, eine Bekannte meiner Partnerin half uns, die Expansion voranzutreiben. Sie lebte in Spanien, was natürlich ein erheblicher Vorteil für unsere Pläne war. Trotzdem erwies sich unsere Pioniertätigkeit als ausgesprochen schwierig, als ein Weg zu einem Schloss, der mit Dornen gepflastert war. Und dies war auch für alle Außenstehenden, vor allem, wenn sie mein Projekt ohnehin skeptisch betrachtet hatten, offensichtlich. Und, zugegeben, ihre Argumente waren nicht an den Haaren herbeigezogen. „Das funktioniert nicht. Spanien hat kein Geld. Die Menschen dort haben kein Geld."

Es flossen Tränen, viele Tränen. Auch ich saß so manches Mal zusammengekauert und traurig da und weinte. Hatte ich mich verrannt? Waren meine großen Ziele doch zu groß für mich? Oder war es schlichtweg unmöglich, den Bewohnern eines wirtschaftlich schwächelnden Landes Produkte nahezubringen, deren Erwerb in diesen Zeiten wahrscheinlich nicht ganz oben auf Ihrer Einkaufsliste stand? Ich war am Ende meiner Kräfte, hatte ein schlechtes Gewissen meiner Familie und meinem Business gegenüber, ich dachte, dass ich keinem von beiden gerecht werden konnte. Trotz allen Selbstbewusstseins holen einen diese Zweifel manchmal ein.

Und trotzdem, meine Partnerin und ich waren uns einig, dass wir es so lange weiter versuchen werden, bis es funktioniert. Und dann kam sie, die eine Person, die notwendig war, um den schweren Stein endlich ins Rollen zu bringen. Eine Person, auf die man die ganze Zeit hofft und deren Eintreffen man nicht abwarten kann. Sie wollte selbst Erfolg haben, arbeitete und kämpfte dafür – und plötzlich begann das spanische Business nach und nach wirklich zu funktionieren. Natürlich unterstützten wir sie nach Leibeskräften, denn wir merkten, dass sie diejenige war, auf die wir gewartet hatten. Es lohnte sich, denn sie fand wiederum PartnerInnen, die ihr ähnelten. Spanien lieferte langsam steigende Umsätze, das Geschäft wuchs und langsam brachte die Politik auch die wirtschaftliche Schieflage des Landes wieder unter Kontrolle.

Ohne Durchhaltevermögen und den festen Glauben daran, dass es irgendwann funktionieren würde, wären wir nicht an diesen Punkt gelangt. Hätte ich auch nur ein einziges Mal einen wirklichen Gedanken ans Aufgeben zugelassen, so wäre alles, für das wir so viele Monate, ja sogar Jahre, gekämpft hatten, umsonst gewesen. Ich wäre gescheitert. Ja, es gab ausgesprochen viele Rückschläge, aber immer wieder habe ich mir gesagt: Durchhalten! Weitermachen! Oder, um es in etwas weiblicherer Form zu sagen: Aufstehen, Krone richten, abstauben, weitermachen. Irgendwann läuft es.

Toolbox
Entscheidende Werkzeuge für deinen Erfolg
DURCHHALTEN

Inzwischen ist Spanien innerhalb des Unternehmens einer der führenden Märkte in Europa und zurückblickend stelle ich fest, dass sich jede Sekunde des Aufbaus gelohnt hat – auch die Zeit, als gar nichts gelingen wollte und ich kurz davor war, die Flinte ins Korn zu werfen. Es hat sich gelohnt, an den Erfolg zu glauben und sich nicht von den Rückschlägen entmutigen zu lassen. Viele Menschen sind heutzutage glücklich mit unseren Produkten. Und viele Menschen verdienen sich dort den Lebensunterhalt mit deren Vertrieb und ihr Leben hat so viel dazugewonnen.

Die wunderbare Kraft des Unterbewusstseins

Ich hatte zuvor gesagt, dass die Entscheidung, die Expansion in Spanien zu übernehmen, rein intuitiv gefallen ist und deshalb eben auch stark mit meinem Unterbewusstsein gekoppelt war. Gerne würde ich ein wenig näher auf das Thema Unterbewusstsein eingehen, denn seine Kraft kann wirklich Berge versetzen – bei jedem! Natürlich gibt es eine riesige Menge an einschlägiger Literatur, die sich genau mit diesem Thema, der Kraft des Unterbewusstseins, beschäftigt. Insofern will ich mich hier auf das für mich Wesentliche und das für dich wirklich Hilfreiche beschränken. Dabei verzichte ich bewusst auf wissenschaftliche Details, denn ebenso wie ich als Laie diese enorme Kraft spüren durfte, so will ich es auch dir nahelegen.

Unser Unterbewusstsein ist ein verstecktes Hilfsmittel, welches, richtig eingesetzt, eine unglaubliche Wirkung entfalten kann. Nicht alle Menschen nutzen dies bewusst, besser gesagt die wenigsten, was wahrscheinlich daran liegt, dass das Unterbewusstsein weder zu sehen noch zu greifen ist. Zumindest nicht im klassischen Sinne, denn die Auswirkungen sind es sehr wohl. Stellen wir uns einmal das Unterbewusstsein als einen kleinen Körper in uns vor, der über ein eigenständiges Gehirn verfügt und außerdem von Natur aus ausgesprochen kräftig ist. Die Wissenschaft hat inzwischen herausgefunden, dass das „Gehirn" des Unterbewusstseins so arbeitet, als wäre es ein einfaches, aber ungemein effektives Werkzeug. Einfach deshalb, weil es nur eine bestimmte Art von Botschaften verstehen und aufnehmen kann: Positive!

Demzufolge hat es keinen Sinn, sich ein paar Dutzend mal pro Tag einzureden: „Ich will bei meiner Expansion in Spanien nicht scheitern." Das ist zwar durchaus ein gut gemeinter Ansatz, aber für unser Unterbewusstsein ist diese „nicht-Botschaft" einfach nicht existent, weswegen es das Gegenteil verstehen würde („Ich will bei der Expansion scheitern."). Nicht besonders zielführend, nicht wahr? Was wäre also die richtige Nachricht, die wir an unser Unterbewusstsein senden sollten? Wie wäre es mit: „Ich werde diese Expansion erfolgreich durchführen."? Weitaus besser, aber dabei haben wir eine weitere Eigenart des Unterbewusstseins nicht berücksichtigt. Es nimmt diese Botschaft zwar auf und wird, je nach Häufigkeit und Intensität des soeben Gesagten, beginnen, unser Tun und Handeln in die richtige Richtung zu lenken, aber ein Erfolg ist dadurch noch lange nicht garantiert.

Als ich mich in das Spanien-Abenteuer gestürzt hatte, habe ich mir immer wieder Bilder in den Kopf gerufen, die mich bereits am Ziel meines Vorhabens zeigten. Jedes Mal, wenn ich mein Vision Board betrachtete, wiederholte ich mehrmals das Ziel, das ich hatte. Und dann schloss ich die Augen, um das Gefühl zu spüren, wenn ich es geschafft haben würde. Es ist kein Geheimnis, dass das Unterbewusstsein hier nicht zwischen Fiktion und Realität unterscheiden kann. Es spürt lediglich, dass dies ein wunderbares Gefühl ist und schon macht es sich in der Folge daran, dieses Gefühl wieder zu erleben. Du hast Deinen inneren Motor getunt – und er treibt dich vorwärts, um dieses Gefühl wieder zu spüren.

Die Bilder, die ich vor meinem geistigen Auge sah, waren glückliche Bilder. Ich sah mich inmitten einer Schar von Partnern und Partnerinnen, sah Bilder, in denen die Bekanntheit unserer Marke kontinuierlich auf dem spanischen Markt wuchs und es waren Bilder glücklicher Partner, die eine neue Aufgabe und eine bisher nicht gekannte Art des freien Lebens für sich entdeckt hatten. Unbewusst (nicht unterbewusst) hatte ich in diesen Momenten genau das Richtige getan: Ich hatte mein Unterbewusstsein mit positiven Bildern gefüttert und damit die Sprache genutzt, die das Gehirn dieses zweiten Körpers in mir perfekt verstand. Das Unterbewusstsein reagiert auf eben diese positiven Bilder. Sie bleiben haften, werden ein unsichtbarer Teil in einem selbst, werden in einer unzugänglichen Galerie unseres Körpers aufgehangen und verbleiben dort. Und dann beginnt das wirklich Außergewöhnliche: Die Umsetzung.

Es ist schon auffällig, dass Psychologen, Forscher, Verhaltenswissenschaftler und ausgesprochen viele Autoren das Wort Unterbewusstsein häufig mit Worten wie Kraft, Macht oder sogar Magie in Verbindung bringen. Dies hat mit dem einfachen Fakt zu tun, dass das, was mit einem starken Unterbewusstsein zu erreichen ist, ausgesprochen beeindruckend ist. Es handelt sich um eine der stärksten Motivatoren, die ein Mensch überhaupt besitzt, denn wenn er es schafft, sein Unterbewusstsein richtig zu „programmieren", dann entwickelt sich eine beeindruckende Kraft und Dynamik.

Unser Unterbewusstsein drängt uns so sehr in die Richtung, die wir uns ausgemalt haben, dass wir mit allem, was uns zur Verfügung steht, danach streben, genau die von uns vorgegebenen Bilder zu realisieren. Es wird eine unsichtbare Energie freigesetzt, die uns in Richtung unseres großen Ziels treibt und die nicht aufhört, bis sie dieses Ziel erreicht hat. Die Beispiele, in denen Menschen durch ihr starkes Unterbewusstsein zu großen Erfolgen getrieben wurden, sind zahllos.

Mir selbst hat diese Erfahrung unendlich viel gebracht. Ich hatte bereits sehr früh in meinem Leben gemerkt, dass Dinge, die ich mir einbilde oder vorstelle, immer wahr wurden. Mehr noch, sie glichen in der Realität den Bildern, die ich mir ausgemalt hatte.

Ohne es zu wissen hatte ich die Kraft meines Unterbewusstseins genutzt, so häufig, dass ich irgendwann wusste, dass ich mir nur etwas intensiv und wiederholt vorstellen musste, um es Wirklichkeit werden zu lassen. Dass dahinter ein wissenschaftliches Phänomen stand, wurde mir erst viel später bewusst. Aber auch, als ich aufgrund der großen Spanien-Expansions-Aufgabe begann, nervös zu werden, war mir im Inneren immer klar, dass ich es schaffen würde. Ich vertraute damals scheinbar dem kleinen, lieben Helfer in meinem Körper.

Und hatten wir nicht bereits auch ein anderes Beispiel angesprochen, was ebenfalls die Kraft des Unterbewusstseins unter Beweis stellte? Ja, richtig, da war doch auch noch mein früherer Volleyballtrainer, in den ich mich so sehr verliebt hatte. Natürlich hatte ich damals als pubertierender Teenager keine Ahnung, was so ein Vision Board überhaupt ist, aber trotzdem hatte ich meine Träume niedergeschrieben, eben in mein Tagebuch. Ich hatte den Satz „Christof liebt mich. Eines Tages werden wir heiraten. Er weiß es nur noch nicht." unzählige Male gelesen. Ich habe mir so oft mit geschlossenen Augen vorgestellt, wie es ist, ihn an meiner Seite zu spüren, dass es fast an ein Wunder grenzt, dass mein Unterbewusstsein sich nicht wegen der Überfütterung beschwert hat. Nun ja, du weißt inzwischen, wie die Geschichte weiter ging. Du weißt, dass meine Vision Jahre später in Erfüllung ging und ich auch heute noch mit Christof glücklich bin. Auch diese Vision wurde also Wirklichkeit.

Mein Tipp:

Füttere dein Unterbewusstsein mit positiven Bildern.
Zeige ihm, was du erreichen willst.
In dir baut sich dadurch die Kraft auf,
die dich zum Erfolg führen wird.
Denke positiv und du wirst Positives erreichen.

Dieser kleine Exkurs in die Kraft unseres Unterbewusstseins soll dir eine Hilfestellung bieten, wenn du an Selbstzweifeln leidest und jede auch scheinbar noch so kleine Herausforderung eine unüberwindliche Hürde für dich darzustellen scheint. In diesen Momenten solltest du dich selbst fragen, ob du gerade dein Unterbewusstsein mit Bildern fütterst, die dich beim Scheitern dieser Aufgabe zeigen. Wenn du das tust, dann ist es kein Wunder, wenn selbst die banalsten Aufgaben nicht bewältigt werden können. Immerhin programmierst du dein Unterbewusstsein ja unentwegt auf Misserfolg.

Was nun aber so hart klingt, ist eigentlich ein wirklicher Glücksfall. Du brauchst schließlich nur eine Kleinigkeit zu ändern, indem du deine Misserfolgs-Phantasien in das Gegenteil umwandelst: In Bilder, die dich als Sieger darstellen. Zeige deinem inneren Freund und Helfer, was du erreichen willst. Wiederhole diese Gedanken immer wieder, sehe dich am Ziel deiner Vorhaben und du wirst feststellen, wie sich nach und nach deine

Erfolge einstellen. Und, um es jetzt einmal rein wirtschaftlich zu betrachten: Du musst keinerlei Investition tätigen, um das vielbeschworene „Return of Invest" zu erhalten. Dein Unterbewusstsein arbeitet kostenfrei, ernährt sich nur von ein paar schönen Gedanken und Bildern, die du dir selbst machst. Positive Tagträumereien, die plötzlich von deinem Helfer umgesetzt werden. Es gibt keinen Grund zu zögern, das Handwerkszeug zum Erfolg trägst du in dir. Also nutze es, auch wenn es sich dezent im Hintergrund hält und du es nicht auf deinem Schreibtisch sehen kannst. Es ist da und es ist eine unsagbar starke Kraft in dir.

Dass dieses Vorgehen funktioniert, konnte ich immer wieder feststellen. Eines der Bilder, mit dem ich mein Unterbewusstsein regelmäßig fütterte, war, dass ich mich auf einer großen Bühne sah, das Mikrofon in der Hand, und auf eine Menge blicken konnte, die mich erwartungsvoll beobachtete. Rief ich dieses imaginäre Bild für mein Unterbewusstsein ab, so ergriff mich unweigerlich ein kaum zu beschreibendes Glücksgefühl, das ich immer wieder erleben wollte. Scheinbar stimmte mein Unterbewusstsein damit vollständig überein, denn mit dem geschäftlichen Erfolg erfüllten sich eben auch die Visionen, mit denen ich den kleinen Körper in mir ausreichend gefüttert hatte.

Auf der Bühne – im Rampenlicht

Ein weitläufiger Saal, gefüllt bis auf den letzten Platz, gespannte Erwartung auf den kommenden Vortrag. Leises Gemurmel, bis gleich die Hauptperson eintrifft. Die meisten Personen kennen die vortragende Person, entweder persönlich oder durch Geschichten, die sie über sie gehört haben.

Als Kind, als ich gerade einmal fünf oder sechs Jahre alt war, da wurde ich von anderen Menschen ferngehalten. Nicht, dass ich versteckt werden sollte, sondern es war eher ein Schutz. Ein Schutz für mich, für meine Gesundheit. Ich kannte große Menschenmengen nicht und ich hätte sie gefürchtet. Hätte man mich gezwungen, diesen Menschen ins Gesicht zu schauen, ich wäre im Erdboden versunken. Und das nicht nur aus kindlicher Schüchternheit heraus, sondern weil ich sicher war, dass mir niemand zugehört hätte. Und ich hätte mich vor ihnen versteckt, irgendwo, wo ich mich sicher gefühlt hätte.

Heute ist es anders. Ich finde es großartig, dass man mir zuhört. Nein, es ist noch mehr. Ich finde es richtig geil! Und die Person, die gleich an das Podium treten und sich den Blicken der vielen Zuhörer stellen wird, bin ich. Die Besucher warten gespannt, was ich zu sagen habe. Sie wollen wissen, was ich ihnen mitteilen werde, was ich zu berichten habe und wie ich Ihnen bei ihren persönlichen Wünschen weiterhelfen kann. Warum? Weil ich inzwischen Dinge geschafft habe, die sich die meisten von ihnen wünschen. Weil ich Kärnten aufgezogen habe. Weil ich in Spanien expandiert bin. Weil ich nicht aufgegeben habe.

Gleich stehe ich vor ihnen und werde einen Vortrag halten, locker, informativ und mit einigen lustigen Einlagen. Und jeder wird merken, dass alles rein gar nichts mit besonderen Talenten zu tun hat, sondern nur mit der Ausschöpfung dessen, was einem die Natur in die Wiege gelegt hat.

Ich gehe auf das Podium zu und eine gewisse Aufregung ist dabei mein naher Begleiter. Diese Aufregung kenne ich nur zu gut, sie wurde mit jedem Vortrag immer weniger, aber sie ist nie ganz verschwunden. Und das ist auch gut so, denn wenn alles nur noch Routine ist, dann sind die Zuhörer die ersten, die das merken und sich gelangweilt fühlen. Ich werde angekündigt, trete an das Mikrofon und werde mit einem warmen und herzlichen Applaus begrüßt. Einige aufmunternde Pfiffe mischen sich darunter und für einen kurzen Moment bin ich mir ganz sicher, dass ich deren Verursacher sehr gut kenne. Perlen des Südens, denke ich, aber dazu später mehr.

Es ist ein großartiges Gefühl, diesen Menschen etwas sagen zu dürfen. Sie alle haben etwas erreicht und sie alle wollen noch mehr. Und da stehe ich, und helfe ihnen bei ihrem Weg. Zumindest versuche ich das. Doch was will ich ihnen eigentlich sagen? Klar, ich habe einige Erfolgsrezepte, kann ihnen berichten, was funktioniert hat und was schief gegangen ist. Aber hauptsächlich will ich ihnen nur eine Sache sagen: Glaubt an Euch, jeder von Euch hat Besonderheiten, die ihm zum Erfolg verhelfen können. Versucht nicht so zu sein wie jemand anderer, versucht ihr selbst zu sein. Jeder von Euch kann bestimmte Dinge weit besser als andere, also nutzt sie. Es geht nicht darum, dass du besonders gut in Lesen, Schreiben, Geographie oder Sport bist. Nutze stattdessen einfach deine ganz persönlichen Potenziale und Talente – und du wirst erfolgreich sein. Denn alles ist möglich, wenn du dich nur traust, deinen persönlichen Weg zu gehen.

Teamwork

Die Momente auf und nach der Bühne sind so besondere Momente, an denen mich eine tiefe Demut erfasst. Mir wird bewusst, dass ich etwas erreicht habe, was andere erst noch erreichen wollen. Die Demut wird abgelöst durch ein Gefühl des Glücklichseins. Ich habe es geschafft, trotz allem, was ich mir selbst nicht zugetraut habe. Ich stehe vor vielen lieben Menschen und erzähle ihnen etwas darüber, wie man erfolgreich werden kann. Das ist eigentlich völlig unglaublich.

Aber genau hier liegt auch eine tiefere Erkenntnis. Das Wissen darum, dass ich selbst niemals hier stehen würde, niemals von einer Bühne auf eine große Menge Zuschauer blicken würde, wenn mich nicht so viele Menschen dabei unterstützt hätten. Teamwork, das ist das wirkliche Erfolgsgeheimnis im Network-Marketing. Je mehr man andere unterstützt, umso schneller kommt man selbst voran. Erinnere ich mich dagegen an Zeiten, in denen ich angestellt war und meine Arbeitskraft hauptsächlich dazu diente, andere Menschen zu bereichern, so erinnere ich mich auch an Schwierigkeiten unter den Kollegen, ausgefahrene Ellenbogen im Kampf um den beruflichen Erfolg, Mobbing gegenüber Mitarbeitern, die einem nicht gefielen, Unehrlichkeit und Egoismus. Und dies basierte vor allem auf einem simplen Fakt: Das Teamwork war nicht Teil des Erfolgsrezepts, sondern nur ein nettes Wort, dessen tiefe Bedeutung im Unternehmen keine wirkliche Rolle spielte.

Das Geheimnis des Network-Marketings ist die Teamarbeit – ohne die geht es einfach nicht. Wer hier versucht, alleine und ohne andere Menschen erfolgreich zu werden, der wird scheitern. Punkt, Ausrufungszeichen, Thema durch! Es geht nur gemeinsam, mit Partnern, Partnerinnen und einem guten Netzwerk.

Ich bin daran interessiert, dieses Netzwerk kontinuierlich zu erweitern. Ich will auch anderen Menschen helfen, ihr Leben zu verbessern und von den vielen Vorteilen des Network-Marketings zu profitieren. Dabei liegt es auf der Hand, dass man bei der Einführung neuer PartnerInnen in diese wunderbare Welt ihre ersten Schritte begleiten und sie voranbringen muss. Sie werden so Teil meines Teams und eines Tages selber ihr eigenes Team aufbauen.

Jeder, der ein Team leitet, sollte über eine Leading-Philosophie verfügen. Ohne diese werden die einzelnen Mitglieder, egal, ob es sich um viele oder nur um einige wenige handelt, schnell orientierungslos agieren und sich nach mehr Struktur und Richtung sehnen. Um das von Vornherein zu vermeiden, habe ich schon immer gesteigerten Wert darauf gelegt, absolut klar zu kommunizieren und ebenso nachvollziehbar zu agieren. Ist man überzeugt von dem, was man tut, so gibt es keinen Grund, warum man nicht auch offen zu dem stehen sollte, was man denkt und wie man handelt. Natürlich führt dies hin und wieder zu Konflikten, denn Offenheit ruft auch gegensätzliche Meinungen auf den Plan. Die gilt es konstruktiv anzunehmen, denn letztendlich kann sich aus zwei unterschiedlichen Standpunkten ein ausgesprochen konstruktiver Mittelweg entwickeln. Wichtig ist, dass man den Mut hat, diese Konflikte anzugehen, sich damit auseinanderzusetzen und möglichst nutzbringend umzusetzen.

Leicht gesagt, magst du dir jetzt vielleicht denken. Aber wie stellt man das an? Ich habe die Erfahrung gemacht, dass der beste Weg dazu ist, systemische Zusammenhänge zu identifizieren und den Konflikt darauf herunterzubrechen. Der eigentliche Sachverhalt ist schließlich weitaus wichtiger als momentane emotionale Befindlichkeiten. Da es ohnehin fester Bestandteil meiner Führungsphilosophie ist, den Dialog vorzuleben, demonstriere ich bewusst meine permanente Gesprächsbereitschaft. Ebenso unterstütze und begleite ich jeden im Team dabei, Konflikte immer im Dialog zu lösen.

Schließlich gibt es aber noch etwas, dass mir meine Führungsarbeit ausgesprochen erleichtert. Es sind die zwei Geheimrezepte, meine persönlichen Garanten für ein produktives, erfolgreiches und ausgesprochen angenehmes Miteinander: Zum einen darf niemals der Spaß bei der Arbeit verlorengehen. Selbst in schwierigen Zeiten ist er der Garant dafür, dass wir weiterhin als Team fest zusammenhalten. Zum anderen kommt noch mein ganz persönliches Credo dazu: Unperfektion.
„Moment," wirfst du, liebe Leserin oder lieber Leser, jetzt vielleicht ein. „So etwas kann doch kein Vorgehen sein, mit dem

man jemals Erfolg haben kann. Das wäre wohl ein wenig zu einfach!" Aber da muss ich dir wiedersprechen. Zum einen gibt es den perfekten Menschen nicht, obwohl sich einige gerne so sehen. Jeder hat seine „Schwächen", seine besonderen Eigenschaften, die ihn vom Gros der Anderen unterscheiden. Muss dies denn einer Karriere hinderlich sein? Oder empfinden wir dies nur so, weil es uns so beigebracht wurde? Können diese angeblichen persönlichen Defizite nicht sogar ein ganz besonderes Plus sein, wenn man sie richtig einsetzt? Basieren unsere diesbezüglichen Vorurteile nicht einfach nur darauf, dass uns ein gewisses Idealbild eingeimpft wurde, sei es von der Schule, den Eltern, der Umwelt oder der Werbung? Es lohnt sich, wenn man sich selbst hierzu einige Gedanken macht und mit Blick auf sich selber erkennt, dass man mit seiner Einzigartigkeit unendliche Möglichkeiten hat, erfolgreich zu werden.

Ich weiß, dass ich nicht perfekt bin. Und genau das zeige ich meinem Team. Sie sehen mich nicht auf einem Podest, hoch oben über jedem einzelnen, den Blick auf sie herunter gerichtet. Nein, stattdessen sehen sie mich, wie ich wirklich bin. Und das ist menschlich. Das ist verletzlich. Und das ist unperfekt.

Worum es letztendlich wirklich geht, ist um ehrliche und tief empfundene Wertschätzung gegenüber allen anderen. Viele, so auch ich, tragen einen Rucksack von Erfahrungen mit sich herum, die sie geprägt haben, die den Menschen geformt haben, der man ist. Und genauso wie ich von anderen Personen Wertschätzung erfahre, so erhalten diese auch andere von mir. Warum? Weil dies der beste und menschlichste Weg ist, mit anderen umzugehen.

Wo aber, so magst du dir vielleicht jetzt denken, bleiben hier die üblichen Schlagworte der Führungskräfte anderer Bereiche außerhalb des Network-Marketings? Warum steht hier nichts über Motivation? Nun, die Antwort darauf liegt auf der Hand. Wer sich entscheidet, selbstständig zu arbeiten (und im Network-Marketing ist jeder selbstständig), der sollte, nein, der muss über genügend Motivation verfügen. Wer sich an einem Punkt seines Lebens sagt: „Ich komme selbst für meinen Lebensunterhalt auf und arbeite nicht mehr dafür, dass jemand anderes die Früchte meiner Arbeit einsteckt, der muss intrinsisch (von innen heraus) motiviert sein. Das ist keine Philosophie, das ist eine Voraussetzung.

Und wie steht es mit dem Spaß, den ich eben ansprach? Klar, der muss dabei sein. Wie bereits erwähnt, agieren alle im Network-Marketing auf der einen Seite zwar selbstständig, aber zur gleichen Zeit auch immer im Team. Schaut man sich dieses Team an, so wird einem bewusst, wie viel wunderbare Menschen sich darin befinden, Menschen aus dem eigenen Netzwerk, Menschen, die einem wirklich am Herzen liegen, viel mehr als nur Kollegen oder Mitarbeiter. Es sind Weggefährten, Mitstreiter, Bekannte und Freunde. Schaue ich auf mein Team, so sehe ich dort Freunde von der Schule, Mannschaftskameradinnen aus meiner Volleyballmannschaft, Frauen und Männer, die man irgendwann einmal getroffen und schätzen gelernt hat. Aus ihnen wurden meine PartnerInnen und uns verbindet so viel mehr als eine bloße Arbeitsbeziehung. Gemeinsam erleben wir Dinge, die wir unter „normalen Umständen" niemals erleben würden. Wir gehen gemeinschaftlich wandern, wir treffen uns auf Beach Parties, wir fahren zusammen in Urlaub (wo wir aus dem Lachen nicht mehr herauskommen), wir veranstalten unzählige private Events, und vieles mehr. Es ist kein Arbeiten mehr, es ist ein Miteinander. Wir gehen gemeinsame Wege und, wenn wir es nicht bereits sind, werden Freunde. Das ist ein Lebensgefühl, das mit Arbeit nichts zu tun hat. Das ist das, was man Glück nennt.

Was kann ich tun, um dieses Denken bei meinem Team zu verankern? Auch das ist viel einfacher, als man denkt, denn ich folge eigentlich nur meinem Naturell. Ich nehme mich selbst nicht so wichtig und wertschätze jeden Menschen. Meine Vorbildfunktion liegt in weiten Teilen darin, anderen Menschen zu zeigen: „Hey, die Tanja ist kein perfekter Mensch. Trotzdem hat sie es nach ganz oben geschafft. Dann kriege ich das auch hin!" Und damit habe ich bereits mein Ziel erreicht.

Manchen Menschen fällt es natürlich nicht ganz leicht, sich selbst nicht allzu wichtig zu nehmen. Ganz ehrlich, das ist vollkommen okay und auch normal. Immerhin wurden wir dahingehend erzogen, nach außen ein starkes Bild zu präsentieren und die eigenen Schwächen zu überspielen. Wenn wir dies bis zur Perfektion beherrschen, dann nehmen wir uns selbst in Folge wahrscheinlich auch sehr wichtig, beherrschen wir doch die Kunst der Schauspielerei ausgesprochen gut. Aber mal ganz ehrlich, wollen wir das wirklich? Ist das nicht viel zu anstrengend? Wäre es nicht viel einfacher, sich so zu zeigen, wie man ist? Verletzlich, menschlich und liebenswert?
Manche denken, dass Pippi Langstrumpf niemals existiert hat. Ich sage, sie existiert und sie ist um uns herum. Und zwar ist sie in allen Menschen wiederzuerkennen, die sich nicht so wichtig neh-

men. Bei denjenigen, die einfach Spaß haben. Bei den Menschen, die auch unvernünftig sein können – und dies vollkommen bewusst tun.

Mein Tipp

Jeder Mensch ist perfekt, so wie er ist. Deshalb nimm dich, wie du bist und nutze das, was dich einzigartig macht. Zeige anderen, wer du wirklich bist und werde zum Vorbild, indem du dich menschlich und verletzlich zeigst und andere wertschätzt.

Teamwork-Challenges

In jedem Team gibt es hin und wieder Entwicklungen, die vielleicht vorhersehbar, trotzdem aber nicht vollkommen vermeidbar sind. Diese Prozesse sollen hier ganz bewusst angesprochen werden, zumal sie durchaus einem Vergleich mit der lieben Familie standhalten, die ja ohnehin der beste Lehrer für das Leben ist. Ob man das will oder auch nicht.

Baut man sich sein Team auf, so vergrößert man (rein mathematisch gesehen) die Anzahl der Menschen um sich herum. Es zeigt sich jedes Individuum unterschiedlich, verfügt über eigene Stärken, Talente und Herausforderungen. Jeder Charakter ist einzigartig und wird durch die verschiedensten Beweggründe angetrieben. So ist es auch nur natürlich, dass es im Laufe der Zeit immer wieder zu Momenten kommt, an denen der eine oder andere Partner, den du über einen längeren Zeitraum begleitet, gefördert und entwickelt hast, die Entscheidung trifft, sich von nun an komplett alleine um sein Team und seine Entwicklung zu kümmern. Er lehnt deine Unterstützung ab, es gibt kleine und größere Konflikte und du hast das Gefühl, dass dir dieser Partner entgleitet.

Ist dies eine unbekannte Situation? Nein, weder für einen erfahrenen Mentor noch für jedes Elternteil. Im Prinzip findet dieser Prozess in den heimischen Wänden ebenso statt wie eben im eigenen Network-Marketing-Team. Bringst du ein Baby auf diese wunderschöne Welt, dann nimmt du es an der Hand, begleitest es und zeigst ihm alles. Irgendwann kann es dann selber gehen und macht seine eigenen Erfahrungen. Plötzlich ist es nicht mehr zu einhundert Prozent auf dich angewiesen, stattdessen kommt es immer öfter dazu, dass dein Kind nach Hause kommt, traurig, verstört oder verärgert ist. Du tröstest es, richtest es auf und begleitest es immer weiter.

Dann wird dein Kind immer größer, bis es irgendwann zwischen 13 und 18 Jahren alt ist. Alarm, die Pubertät beginnt! Mit einem Mal weiß dein Kind alles besser, denn es hat inzwischen viele eigene Erfahrungen gemacht und brennt darauf, diese nach der ganz eigenen Auslegung von nun an umzusetzen. Ebenso verhält es sich mit einigen PartnerInnen aus deinem Team, denn sie glauben nach einer gewissen Zeit fest daran, dass sie die notwendigen Fertigkeiten erlernt haben und die Branche genug kennen. An diesem Punkt beginnen einige (bei den pubertierenden Kindern die meisten), den Mentor beziehungsweise die eigenen Eltern abzulehnen.

Glücklicherweise ähnelt sich in den meisten Fällen aber auch das, was daraufhin folgt. Jede Pubertätsphase geht irgendwann vorüber, wenn man in dieser Zeit genug Liebe und Verständnis aufbringt, und das bedeutet in dieser Phase auch Loslassen.

Wie geht man aber beruflich damit um, wenn PartnerInnen in deinem Team irgendwann alleine agieren wollen? Ganz einfach, man sollte sie gehen und ihre eigenen Erfahrungen machen lassen. Es gehört dazu, sie den eigenen Weg finden zu lassen, wenn sie diesen Wunsch haben. Als Mentor sollte man in diesem Fall darauf achten, mit ihnen trotz allem im Dialog zu bleiben und ihnen die Wichtigkeit des Großen und Ganzen zu erläutern. Wenn du als Mentor die systemischen Grundsätze kennst und anwendest, wird am Ende auch wieder alles gut. Denn deine PartnerInnen erleben, was Führung in der Praxis wirklich bedeutet, und um was sie sich bisher nicht kümmern mussten. Denn das hast du als Mentor übernommen. Erst durch diese eigenen Erfahrungen reifen sie zu wirklich guten Führungskräften heran. In der Phase zeigst du als Mentor deine Unterstützung durch stille Präsenz und Dialogbereitschaft. Wenn wichtige Grenzen überschritten werden, suchst du ein Gespräch auf Augenhöhe. Nie im Vorwurf, sondern immer im Bewusstsein, dass hier wichtige Fähigkeiten erlernt werden. Die wichtigste Qualität in dieser Phase ist deine Geduld und dein Vertrauen. Am Ende geht ihr beide gestärkt aus der Situation hervor, habt wichtige Führungsqualitäten erlernt und werdet gemeinsam noch viel größere Dinge bewältigen!

Perlen des Südens

Der sichtbare Ausdruck meiner Führungsphilosophie beziehungsweise meines Führungsteams hat einen Namen, nein, mehr, es ist eigentlich eine Marke. Eine Marke innerhalb des Unternehmens. In dieser Marke werden all meine Führungsprinzipien und meine Führungsphilosophie offenbart. Wir sind bekannt als „Perlen des Südens"! Wie kam es dazu? Es begann in Kärnten. Wo genau befindet sich eigentlich Kärnten? Wenn wir es etwas weiter fassen, dann liegt es unterhalb Deutschlands, Skandinaviens, dem britischen Empire und noch so einiger anderer bedeutender Nationen. National betrachtet findet sich Kärnten im Süden Österreichs, gar nicht weit von Slowenien und Italien entfernt und nur ein kleines Stück weiter von der Landesgrenze Kroatiens. Da ist es naheliegend, dass man bei dem Gedanken an Kärnten unweigerlich von einem mediterranen Gefühl ergriffen wird und bei geschlossenen Augen den Eindruck haben kann, dass man beinahe schon das Meer riecht.

In diesem Zuge schließt sich eine zweite Frage an: Wenn das Meer so nahe ist, gibt es dann nicht auch Perlen in Kärnten? Immerhin liegt diese Annahme nahe, denn wo südliche Sonne und das weite Meer zusammentreffen, da sollte es doch Muscheln geben, die, wie wir es alle in der Schule gelernt haben, eben manchmal auch Perlen hervorbringen.

Nun mag der eine oder andere zur Lösung der beiden Fragen auf die Idee kommen, einen der wunderschönen Berge Kärntens zu besteigen und den Blick auf der Suche nach Antworten durch die Landschaft streifen lassen. Die Erkenntnis dürfte jedoch ernüchternd sein, wird er doch nur weitere Berge, wunderschöne Wiesen und Wälder und einige freundliche Menschen sehen – nicht aber das Meer, das vielleicht die perlentragenden Muscheln in sich trägt (nein, das Gewässer, was er unweigerlich entdecken wird, ist der Wörthersee, der wohl in seiner jahrhundertealten Geschichte noch nicht eine einzige Perle hervorgebracht hat.) Und doch gibt es sie, die Perlen des Südens. Und sie sind genau hier entstanden, in Kärnten.

Gereift sind diese Perlen über lange Zeit, haben sich im Schutz der Muschel namens Network-Marketing entwickelt. Sie nahmen sich die Zeit, die sie brauchten und wuchsen nach und nach zu besonderen Menschen heran, die etwas erreicht hatten und noch mehr erreichen wollten.

Die Grundlage zur Schaffung der „Perlen des Südens" bildeten Jahre zuvor einige Überlegungen, die mir schon lange Zeit durch den Kopf gegangen waren. Wie kann man es schaffen, wirklich Großes zu bewegen? Wie kann man nicht nur das Leben einiger Menschen verbessern, sondern die Wirtschaftskraft einer ganzen Region spürbar erhöhen? Wie kann man der Gesellschaft etwas von dem zurückgeben, was man selbst erhalten hat?

Innerhalb meines Teams haben sich Führungskräfte entwickelt, Menschen, die etwas bewegen wollen, die mehr wollen vom Leben. Gemeinsam Grenzen überwinden und sprengen und für ein positives Mindset sorgen. Wir wollen mit unserem Movement Ergebnisse schaffen, die Sinn machen. Unser Slogan lautet: im Miteinander mehr erschaffen.

Die meisten von ihnen sind Teampartnerinnen der ersten Stunde, zumeist aus Kärnten oder sogar aus Klagenfurt. Schon damals war es absehbar, dass sich unsere Bewegung auch überregional ausweiten würde, denn ein kleines Klagenfurt gibt es schließlich überall. Die PartnerInnen zeichneten sich dadurch aus, dass sie bereits Erfolge zu verzeichnen und somit bewiesen hatten, dass sie Dinge anpacken und umsetzen konnten. Viel wichtiger war jedoch, dass sie an gemeinsame Ziele glaubten und Veränderungen auf den Weg bringen wollten, die für einen Menschen alleine vielleicht zu groß gewesen wären. Und ihre Erfolge erlaubten ihnen zu geben. Gerne zu geben, denn wer mehr hat, der kann eben auch mehr geben. Wir alle hatten denselben Spirit, wurden durch die gleichen Dinge angetrieben und wollten die gleichen Ziele erreichen. Eines davon war die fühlbare wirtschaftliche Verbesserung der Region Kärnten. Ein großes Ziel! Aber wir agieren nun einmal nach der Devise „Make a Difference" – und es ist immer möglich, einen Unterschied zu machen.

Unser Perlen-Team wuchs, verließ die regionalen Grenzen und wurde international – sogar mit einer geografischen Ausdehnung nach Norden ... Führungskräfte aus verschiedenen Ländern kamen dazu, Führungskräfte, die die Mitte unseres Karriereplans erreicht hatten und es ganz an die Spitze schaffen wollten. So bildete sich der Inner Circle meiner Führungskräfte im Rahmen der Perlen des Südens. Dabei zählten nicht nur die bisherigen Erfolge eines jeden, sondern vielmehr auch gelebte Werte wie Ehrlichkeit, Vertrauen, wertschätzendes Miteinander, Blick auf das große Ganze und Loyalität. Schließlich strebten wir danach, unsere Visionen umzusetzen. Und dazu war und ist es einfach notwendig, dass das Mindset innerhalb der Perlen des Südens stimmte. Das sehe ich als vorrangige Aufgabe einer Top-Führungskraft im Network-Marketing. Mit Liebe, Klarheit, Geduld, Durchhaltevermögen und viel Spaß das lebendige Vorbild dieser Vision zu sein. Damit ist es möglich, einen Spirit wie „Make a Difference" zu schaffen. Mittlerweile ist die Marke innerhalb des Unternehmens so bekannt, dass es als Auszeichnung gilt, eine Perle des Südens zu sein.

Mit diesen hochkarätigen Perlen an meiner Seite spürte ich, wie sich gebündelte Kompetenz, gemeinsame Energie und Motivation miteinander vereinten und dadurch die Möglichkeiten, der Welt seinen kleinen Stempel nachhaltig aufzudrücken und Menschen wirklich langfristig zu helfen, vervielfachte. Seitdem stärken und unterstützen wir uns bei unserer Führungsarbeit. Davon profitieren auch wir, aber in erster Linie die vielen Partnerinnen und Partner. Die Auswirkungen dieser Entwicklung bringen uns unserer Vision immer näher: Wir verhelfen Menschen dazu, sich ein neues Leben aufzubauen, finanziell unabhängig, frei in der Zeiteinteilung und unabhängig von Geschlecht, Herkunft und persönlichen Eigenschaften zu werden. Werfe ich einen Blick auf Kärnten und auch auf Spanien, so sehe ich die vielen PartnerInnen, die inzwischen ein selbstbestimmtes Leben führen, die glücklich sind, dass sich so viel zum Guten gewendet hat. Warum das der gesamten Region hilft? Ganz einfach, denn die Wertschöpfung hat sich immens verändert. Dadurch, dass die Zahl der PartnerInnen in diesen Regionen konstant gewachsen ist, hat sich auch die Kaufkraft beträchtlich erhöht. Die regionalen, wirtschaftlichen Auswirkungen sind unübersehbar.

An dieser Stelle sollte der Hinweis gestattet sein, dass ein jeder, der einen Erfolg errungen hat, diesen auch mit seinen Wegbegleitern feiern sollte, denn dies hat man sich mit seinem Einsatz und seinem Willen mehr als verdient. Auch hierbei handelt es sich um etwas, was man im Network-Marketing lernt: Erfolge erreicht man gemeinsam und sie sollten, nein, sie müssen gemeinsam gebührend zelebriert werden. Diese Feiern unterliegen keinerlei Gesetzmäßigkeiten, sondern können ganz nach der eigenen Phantasie gestaltet werden. Fester Bestandteil eines jeden Treffens der Perlen des Südens ist Chisecco und – natürlich – Chips. Kein Fest ohne diese beiden Lifestyle-Grundnahrungsmittel! Aber auch Traditionen sollten innerhalb eines visionären Teams gepflegt werden. Als kleines Beispiel erinnere ich mich daran, wie die Perlen des Südens sich über ein neues Mitglied freuen durften. Nun sei darauf hingewiesen, dass auch wir die gute, alte Tradition der „Begrüßungs-Zeremonie" pflegen, was wir allerdings nur bei Männern tun, da diese in unserem Perlen-Team noch leicht unterbesetzt sind (wir arbeiten erfolgreich daran, deren Zahl zu erhöhen). Ich erinnere mich mit einem amüsierten Lächeln daran, wie eine neue Perle (männlich) zu seinem Einstieg nahezu nackt vor einer Vielzahl von (größtenteils weiblichen) Zuschauern in den Wolfgangsee springen musste. Dies soll als exemplarisches Beispiel des Einfallsreichtums der vielen Damen, Entschuldigung, der „Perlen des Südens", dienen.

Der Gipfel ruft

Ziele, Wünsche, Träume und Visionen, dies sind die Fundamente von Erfolgsgeschichten. Als Team arbeitet man darauf hin, etwas zu erreichen, was man zuvor noch nicht geschafft hat und was man bis zu einem gewissen Zeitpunkt vielleicht sogar für unerreichbar erachtet hat. Und irgendwann, da sieht man, dass es doch möglich ist. Für mich, und dies mag an den vielen wunderbaren Gebirgen in Österreich liegen, drängt sich hier immer der Vergleich zu Bergsteigern auf, bei denen so mancher sich durchaus die Frage stellen könnte: „Warum tun sich diese Menschen eigentlich die ganzen Strapazen an? Warum nehmen sie all die Entbehrungen in Kauf, nur um einen Berg zu erklimmen?"

Wer jemals einen Dreitausender bestiegen hat, der kennt die Antwort. Es ist der Moment, wenn man mit wunden Füßen und schmerzenden Glieder durch die herabhängenden Wolken nahe vor sich die Bergspitze sehen kann, den Gipfel, der sich wie das Ziel einer wunderbaren Reise vor einem erschließt. Der Moment, wenn man weiß, dass es fast erreicht ist, das Ziel, wegen dessen man aufgebrochen ist. Es ist zum Greifen nah, nur noch ein wenig Anstrengung und man hat es geschafft. Endlich!

Denke ich an die letzten Monate zurück, bevor ich die höchste Stufe in meinem Partnerunternehmen erreicht hatte, so erinnere ich mich an eine unglaublich intensive, spannende, aufregende und glückliche Zeit. Die Vision, der man so lange gefolgt war und die einem selbst zu Beginn nur wie ein verklärter Wunsch, ein Traum, erschienen war, war plötzlich erreichbar. Nur noch wenige Schritte bis zum Gipfelkreuz... Und doch spürte ich trotz aller Euphorie, dass dies die wahrscheinlich schwersten Schritte sein werden, denn das angestrebte Ziel war ausgesprochen groß. In diesem Moment benötigt man den Einsatz von Vielen, denn alleine besteht die Gefahr, dass man es nicht schafft.

Mein Ziel war es ein Momentum zu erschaffen. Momentum? Das ist der Impuls der eintritt, wenn viele Menschen in einem definierten Zeitrahmen gemeinschaftlich an einem Strang ziehen, um wirklich etwas Außergewöhnliches zu erreichen. Bewusste Kraftbündelung, die auf das gemeinschaftliche Ziel ausgerichtet ist. Und um diese Hilfe zu erhalten, wendet man den Blick um sich herum und merkt, dass man nicht alleine ist. Um einen herum sieht man seine TeampartnerInnen, seine Freunde und Freundinnen. Und jetzt, wo für jeden aus deiner Gruppe von Bergsteigern der Gipfel in greifbarer Nähe zu sein erscheint, entsteht ein kraftvolles Momentum, das jeder in deinem Team spürt. Dieses Momentum entfacht eine unfassbare Energie und der Fokus von allen wird auf diesen einen Moment fixiert – dem Erreichen des Gipfels. Ab diesem Augenblick kann ein Team schier Unmögliches leisten.

Ich kann mich noch gut erinnern, es war eine Zeit, in der viele meiner PartnerInnen gezielt an ihrem individuellen Etappenziel arbeiteten. Und wenn jede von ihnen ihr persönliches Ziel erreichen würde, dann hätte auch ich es geschafft. In erwartungsvoller Stimmung setzten wir uns zusammen und begannen, die Pläne zum weiteren Vorgehen zu schmieden. Jede Partnerin kannte ihr Ziel und wir legten gemeinsam die Planzahlen fest, besprachen, was in welchem Zeitraum zu tun wäre. Meine Aufgabe bestand darin, regelmäßig nachzufassen, damit jeder auf sein Ziel fokussiert blieb. Natürlich stand ich mit Coachings auch denjenigen zur Seite, die Unterstützung benötigten.

„Hilf anderen, erfolgreich zu werden, dann wirst auch du erfolgreich". Genau dieser Satz kam in dieser Zeit zur Anwendung. Und so arbeitete ich eng mit meinem Team zusammen, legte die Fortschritte und Unwägbarkeiten in regelmäßigen Meetings offen, um gemeinsam Lösungen zu finden. Jedem war bewusst, dass wir uns im klassischen Sinne des Wortes in der bestmöglichen Win-Win-Situation befanden. Es gab schließlich niemanden, der nicht profitieren würde, wenn wir das ganz große Teamziel erreichen würden. Und als mir bewusst wurde, wie stark dieses Team wirklich war, fasste ich einen Entschluss. Ich ließ los, verließ mich vollständig auf sie, wusste, dass ich mich rückwärts in ihre Arme fallen lassen konnte und sicher aufgefangen werden würde. Und dieses Vertrauen war absolut gerechtfertigt.

Gemeinsam erreichten wir die letzten Meter vor dem Gipfel des Berges. Die Schmerzen und Mühen waren vergessen, alle Augen nur noch auf das große Ziel gerichtet. Und dann gab es diesen Moment, in dem ich, falsch, in dem wir nur noch dachten:
„Geschafft – es ist so supergeil"

Spitze erreicht – geschafft!

Und da stand ich nun plötzlich. Am Ziel meiner (Karriere-)Träume, auf der obersten Sprosse der Leiter, auf der höchsten Stufe des Karriereplans meines Partnerunternehmens angekommen. Dieses Gefühl zu beschreiben ist in den uns zur Verfügung stehenden Worten kaum möglich. Aber eine Empfindung fiel mir in diesem Moment ganz besonders auf. Ich fühlte eine Leichtigkeit in mir, wie ich sie selten zuvor erlebt hatte. Trotzdem mir bewusst war, wie viel Arbeit, Mühe und Zeit es gekostet hatte, an diesen Punkt zu gelangen, so wirkte es im Rückblick beinahe spielerisch. Wahrscheinlich war der Auslöser hierfür, dass mein Team und ich diesen Weg mit so viel Spaß und Begeisterung gegangen waren, dass dieses Gefühl alles andere überlagerte. Vielleicht lag der Grund auch darin begründet, dass ich vor dem Erreichen des Ziels einfach losgelassen und darauf vertraut habe, dass alles gut werden wird. Denn nur wer loslässt, der ist wirklich zu Höchstleistungen fähig. Festhalten beschränkt die eigene Energie und sie kann so niemals vollends zur Entfaltung kommen.

Aber es machte sich auch noch ein weiterer Gedanke in mir breit, nachdem ich erfahren hatte, dass mein Team und ich es ganz nach oben geschafft hatten. Ich fühlte mich frei, ohne jegliche Limits, so, als könnte ich auch jede andere Vision Realität werden lassen. Sollte es dir, liebe Leserin und lieber Leser, schwerfallen, dieses Gefühl nachempfinden zu können, so stelle dir einmal vor, dass auch du ein Ziel für dich festgelegt hast, von dem du zu Beginn gedacht hast, dass es eigentlich gar nicht erreichbar ist. Und dann arbeitest du daran, angetrieben von deinem unermüdlichen Unterbewusstsein, fokussiert darauf, das Unmögliche möglich zu machen. Und irgendwann siehst du dieses Ziel vor dir, greifbar, keine bloße Fiktion mehr, und dann machst du den letzten Schritt über die Ziellinie. Nicht hektisch, nein, eher langsam und voller Genuss. Und wenn du dann realisierst, was du geschafft hast, dann fühlst du dich einfach "unstoppable". Du weißt dann, dass du alles schaffen kannst.

Zu einem früheren Zeitpunkt in diesem Buch habe ich darüber berichtet, wie sehr ich es genieße, vor vielen ZuhörerInnen einen Vortrag zu halten. Dies ist jedes Mal aufregend und ebenso ist es immer wieder eine neue, einzigartige Erfahrung. Aber es gab eine Rede, die ich niemals vergessen werde und die zu den schönsten Erinnerungen meines Lebens zählt und immer zählen wird. Es war der Bühnenauftritt nach dem Erreichen der höchsten Stufe des Karriereplans. Ich sollte meinen Weg beschreiben, zurückblicken und weitergeben, wie ich es bis zu diesem Punkt geschafft hatte. Und dann kam der Moment, an dem ich mich bei all denen bedanken wollte, die mich unterstützt hatten und die mir immer zur Seite gestanden haben. Dieser Dank galt dem Partnerunternehmen, meiner gesamten Upline, meinem wundervollen Team und natürlich auch meiner Familie. Voller Demut, Freude und Stolz holte ich zum Abschluss dieser Rede meinen Mann und meine drei Kinder auf die Bühne. In diesem Moment bebte der Saal. Alle klatschten und es schien kein Ende nehmen zu wollen. Jeder konnte uns sehen und gleichzeitig wurde wohl auch jedem im Raum bewusst, dass man im Network-Marketing auch als Mutter dreier Kinder seinen Weg gehen und dabei ein glückliches Familienleben führen konnte. Es war der Moment, in dem viele dachten: „Ich will da auch stehen, ich habe auch Kinder. Ich kann das auch schaffen." Meine Kinder, zu diesem Zeitpunkt 6, 9 und 14 Jahre alt, starrten schüchtern und fassungslos auf die riesige Menge vor ihnen, all die Menschen, deren Applaus auch und vor allem ihnen galt. Sie sahen, wie nahezu jede erwachsene Frau im Publikum Tränen in den Augen hatte. Selbst mir, die nicht nah am Wasser gebaut ist, wurden in diesem Moment die Augen vor Rührung und Glück feucht.

Im Anschluss an diese Rede und auch noch Monate später habe ich viele Rückmeldungen und Feedbacks bekommen. Da wurde mir erst bewusst, dass es nicht nur die Frauen waren, die ihren Gefühlsausbrüchen freien Lauf gegeben hatten. Auch viele Männer erzählten mir, dass sie zu den Taschentüchern gegriffen und sich ihrer Tränen nicht geschämt hatten.

Kapitel 4:
Network-Marketing als DIE Chance

Persönlichkeitsentwicklung PUR

Den größten Benefit, den mir mein Werdegang in der faszinie-renden Branche Network-Marketing schenkte, war meine per-sönliche Weiterentwicklung. Ich konnte nur erfolgreich werden, weil ich mich auf eine Entwicklung der eigenen Persönlichkeit eingelassen habe. Nur so habe ich es geschafft, das höchstmög-liche Level zu erreichen. Inzwischen habe ich nicht nur Teams in Österreich, Spanien und Deutschland, sondern in beinahe jedem Land Europas. Finanziell brauche ich mir in diesem Leben keine Gedanken mehr zu machen. Nein, es geht nicht darum, mich in ein besonderes Licht zu stellen und meine herausragenden Leis-tungen zu küren. Das wäre nicht mein Stil. Eigentlich geht es darum, der Branche den Respekt und die Dankbarkeit zukom-men zu lassen, die sie verdient hat. Weil sie ausgesprochen fair ist. Weil sie keinen Unterschied zwischen den Menschen macht. Weil sie Spaß macht. Weil sie so vielen Menschen geholfen hat, sich selbst zu entdecken und sich zu erfahren. Und weil sie so viele glücklich gemacht hat.

Schon zu der Zeit, als ich dieses Business begann, war es ein großer persönlicher Zugewinn, meine Kinder betreuen zu kön-nen, ohne an die strikten zeitlichen Vorgaben eines Arbeitgebers gebunden zu sein. War eines der Kinder krank, so habe ich es einfach betreut, ohne dabei ständig auf die Uhr sehen zu müssen oder mit schlechtem Gewissen meinem Arbeitgeber bekanntzugeben, dass ich an diesem Tag einmal mehr nicht im Büro erscheinen könne. Jetzt, wo die Kinder älter sind, spielen Themen wie Ausbildungsfinanzierung, Privatschulen, kostspielige Hobbys, etc. eine gewichtige Rolle in ihrem Leben. Viele Familien, die ebenso wie wir drei Kinder haben, wären gezwungen, erhebliche persönliche Abstriche in Kauf zu nehmen, wenn sie Berechnungen zur Zukunfts-Finanzierung ihres Nachwuchses anstellen. Da heißt es oft, dass der Gürtel schon wesentlich enger geschnallt werden muss, um das möglich zu machen. Ich bin glücklich, kann ich doch meinen Kindern das ermöglichen, was ihnen in ihrer Zukunft zugutekommen wird, ebenso wie ich auch meinen Eltern Therapien finanzieren kann, die ihnen wirklich helfen. Meine finanzielle Freiheit erlaubte mir die Erfüllung eines Traumes, denn ich eröffnete ein eigenes Office am Wörthersee, genau dort, wo ich es in meinen Kindheitsträumen immer erhofft hatte. Ich habe mein eigenes, wunderschönes Haus selbst finanzieren können und kann es mir leisten, später einmal in Würde zu altern – und dies würde ich allen Menschen wünschen. Ich wünsche jedem, dass er seine Pflege ebenso eigenständig finanzieren kann, wie es mir durch Network-Marketing möglich sein wird. Die Abhängigkeit vom Staat stellt eine der größten gesellschaftlichen Herausforderungen unserer Zeit dar und treibt viele Menschen unverschuldet in die Altersarmut. Hier kann und muss man selbst den Hebel ansetzen, um nicht in dieselbe gefährliche Spirale zu geraten.

Die Freiheit, die ich durch meine Tätigkeit lebe, ermöglichte auch meinem Mann, sich seinen großen Traum verwirklichen zu können. Er baute ein Loft mit eigener Bibliothek und einem Antiquariat auf (jeder Mann braucht sein Spielzimmer 😊). Er ist ebenso finanziell eigenständig wie ich es bin. Network-Marketing hat es mir ermöglicht, zeitlich, örtlich und finanziell frei zu werden. Und auf meiner Bucket-Liste stehen noch so viele Dinge, die es zu erleben gilt und Projekte, die realisiert werden wollen.

Meine Geschichte soll dir Mut machen, soll dein Bewusstsein dafür schärfen, dass auch du es schaffen kannst, wenn auch ich es geschafft habe. Aufgrund meiner Krankheit, die mich von Kindesbeinen an begleitete wie ein unliebsamer Gefährte, war mein Mindset sehr früh darauf programmiert, dass ich mich damit abzufinden habe, dass ich nicht zu den Privilegierten gehören würde, die einmal erfolgreich sein werden. Tja, manchmal sind Programmierungen eben falsch und müssen im Nachhinein korrigiert werden. Meine tiefste Überzeugung ist jedoch noch immer:

Wenn ich es schaffe, dann kannst es auch DU schaffen!

Unabdingbar für jede individuelle Erfolgsgeschichte ist es, der eigenen Persönlichkeit die Möglichkeit zu geben zu reifen, zu lernen und sich weiter zu entwickeln. Wer an einem Punkt stehen bleibt, der wird es nicht schaffen können. Viele Menschen haben jedoch Angst davor, sich selbst einer Veränderung zu unterziehen. Sie haben sich in ihrem kleinen Nischendasein eingerichtet und sind froh, hier unbehelligt und ohne die „Gefahr" einer Veränderung ihr Dasein fristen zu können. Diesen Menschen kann ich nur raten, ihre Komfortzone zu verlassen und sich selbst auf die spannende Reise der Persönlichkeitsentwicklung zu begeben. Es ist aufregend und faszinierend, was die Welt für einen bereithält und wie viel Neues man über sich selbst erfahren kann. Das Leben ist eine fortwährende Entwicklung der eigenen Persönlichkeit – und dies ist ein großes Geschenk, das man annehmen sollte. Denn was kann spannender sein, als sich selbst kennenzulernen und sich dann auch noch selbst treu zu bleiben.

Der Zusammenhang zwischen Persönlichkeitsentwicklung und Network-Marketing ist unbestreitbar, aber ich würde gerne noch weiter gehen. Diese Branche setzt eine unbedingte Entwicklung eines jeden voraus und zwar nicht in eine vorgegebene Richtung, sondern voll und ganz zu dir selbst. Der Glaube daran, dass es jeder schaffen kann, wenn er nur er selbst ist und seine individuellen Stärken nutzt, ist tief in der DNA des Network-Marketings verwurzelt. Und dies ist sichtbar, denn der äußere Erfolg entwickelt sich genau in dem Ausmaß, wie du in deine Persönlichkeitsentwicklung investierst. Insofern zwingt dich Network-Marketing dazu, deine Persönlichkeit besser kennenzulernen. Und was kann dir Besseres passieren? Niemand erwartet in dieser Branche, dass du dich dem konformen Bild anpasst, dass die Umwelt oder dein Arbeitgeber von dir sehen wollen. Im Gegenteil, je mehr du weißt, wer du bist, umso schneller wirst du die Erfolgsleiter nach oben steigen.

Irgendwann während jeder Persönlichkeitsentwicklung stellt sich jedem die Frage: „Was ist wirklich Teil von mir, was habe ich von anderen übernommen?" Kannst du dir diese Frage beantworten, so lernst du in der Folge auch, auf dich zu hören und dir zu vertrauen. Philosophisch ausgedrückt lernst du dich in deiner Wahrhaftigkeit kennen. Welcher Berufszweig gibt dir das sonst? Ist es nicht so, dass Arbeitgeber in der heutigen Zeit eher dazu neigen, dich in das Korsett des perfekten Mitarbeiters pressen zu wollen? Wie bereits gesagt, ich bin felsenfest davon überzeugt, dass ich mich auf dieser Reise selbst zu einem besseren Menschen entwickelt habe. Natürlich bin ich noch immer Tanja Doboczky, aber auf vielen Ebenen lebe ich inzwischen weitaus bewusster. Meine tief verwurzelten Eigenschaften haben sich nicht geändert – und das ist auch gut so. Noch immer bin ich nicht Everybody's Darling und ich bin stolz darauf. In diesem Leben werde ich es nicht mehr lernen (wollen), anderen Menschen nach dem Mund zu reden, wenn ich deren Meinung nicht teile. Na und? Schließlich hat mir das auf meinem Weg geholfen, Missstände zu erkennen und sie zu verbessern. Solange im Nachhinein das Ergebnis stimmte, war es das allemal wert. Dinge anzusprechen, die andere nicht ansprechen, ist in meinen Augen eine wichtige Tugend und wir sollten froh sein, dass es Menschen gibt, die dies tun.

Meine persönliche Entwicklung hat mich auch klar erkennen lassen, was mir wirklich wichtig ist. Ich will mich nicht in kleinen Dingen verlieren, sondern den Blick für das große Ganze bewahren. Wahrscheinlich war dies schon immer in einem Hinterstübchen meines Gehirns verankert, aber inzwischen gehe ich bewusst damit um und will andere davor bewahren, sich nicht selbst in dem engmaschigen Netz ihrer eigenen Problemfallen zu verstricken.

Liebe auf den zweiten Blick

Als Kind, als Teenager und auch als junge Studentin hielt man mich für ausgesprochen eigenwillig, dickköpfig und nicht besonders zugänglich. Heute, viele Jahre später, kann ich über mich sagen, dass ich höflicher, offener und netter geworden bin. Dies ist eine Folge meiner persönlichen Entwicklung und diese habe ich zu einem großen Teil Network-Marketing zu verdanken. Ich habe gelernt, anderen Menschen den notwendigen Respekt zu zollen und sie so zu behandeln, wie ich selbst behandelt werden will.

Ich lernte, und dies vor allem durch die wunderbaren Menschen, die inzwischen Teil meines Netzwerkes sind, wie schön es ist, anderen zu helfen und sich selbst auch von anderen helfen zu lassen. Mir wurde bewusst, dass es gut für einen selbst ist, wenn man andere unterstützt. Mag es nun ein kosmisches Gesetz sein, wie manche Menschen und auch manche Religionen behaupten, oder einfach blanker Zufall, aber wenn du anderen hilfst, so wirst auch du selbst weiterkommen. Egal, was dem zugrunde liegt, es gibt kaum ein schöneres Zusammenspiel als dieses.

Meine persönliche Entwicklung offenbarte mir, dass man Dinge erreichen kann, die über das Normale hinausgehen. Hat man es erst einmal zur finanziellen Unabhängigkeit geschafft, so ist man in der Lage, wirklich Dinge bewegen zu können. Und dabei rede ich nicht darüber, dass man sich selbst mit Luxusartikeln überhäuft, die sich dann in den eigenen Gemächern in irgendeiner Ecke stapeln. Vielmehr ist es einem möglich dafür zu sorgen, dass man etwas schaffen kann, was anderen Menschen hilft.

Anderen etwas zu geben ist die schönste Sache der Welt, und je mehr du selbst hast, umso mehr kannst du auch geben.

Network-Marketing ermöglicht es mir zu sehen, wie sich andere Menschen um mich herum positiv entwickeln und dadurch erfolgreich werden. Ich habe das große Glück, dass ich sie auf ihrem Weg unterstützen darf und ihnen das Wissen an die Hand geben kann, dass sie auf ihrem Weg begleitet und beflügelt. Ihren Erfolg gönne ich ihnen aus tiefstem Herzen und fühle mich inspiriert, noch viele weitere Menschen auf dem Weg in ihr persönliches Glück zu begleiten.

Mir wurde einmal gesagt, dass ich eine Frau auf den zweiten Blick wäre. Zugegeben, zuerst habe ich das weder wirklich verstanden noch habe ich mir darüber eingehende Gedanken gemacht. Trotzdem blieb diese Aussage immer in meinem Kopf haften und ich muss heute zugeben, dass sie wahrscheinlich zutrifft. Auch Network-Marketing ist etwas, was viele oft erst auf den zweiten Blick lieben werden. Beim ersten Hinsehen stehen noch die Verwunderung und die ängstliche Ablehnung im Vordergrund. Beschäftigt man sich aber mit dem Bild hinter dem Vorhang, so wird man das Wunderbare entdecken, was dahintersteckt. Und was kann man schon besseres über die eigene Beschäftigung sagen, als dass sie einem dazu verholfen hat, ein besserer Mensch zu werden? Gar nichts!

Warum Network-Marketing der beste Job der Welt ist

Die Persönlichkeitsentwicklung im Network Marketing führt dich automatisch auch an den Punkt, an dem du dir Gedanken machst, welche Werte/Eigenschaften wirklich zählen. Geht es in dieser Branche um Talente? Geht es um Perfektion? Nein, weit gefehlt. Es geht um Wahrhaftigkeit und Authentizität. Es geht darum, zu seinen Schwächen zu stehen und sie nicht vor den anderen zu verstecken oder zu überspielen. Du wirst lernen, deine angebliche Schwäche zu deinem Alleinstellungsmerkmal zu machen, zu deinem USP. Übrigens ist meins (unter anderem) das Essen von Chips ...

Warum bin ich noch überzeugt, dass Network-Marketing der beste Job der Welt ist? Ganz einfach, denn du arbeitest mit Freunden zusammen. Das hört sich banal an, aber welche andere Branche kann das schon von sich behaupten? Im Network-Marketing werden Freunde zu Partnern und Partner werden zu Freunden. Um nur ein paar Beispiele zu nennen, die ich in meiner Zeit mit meinen Freunden/Partnern unternehmen durfte: Gemeinsam haben wir den Großglockner bestiegen (na ja, zumindest fast), wir sind Wasserski gefahren, mit dem Gleitschirm geflogen, haben uns beim Parasailing über die Wellen tragen lassen und blicken auf viele unvergessliche gemeinsame Erlebnisse auf Incentivereisen zurück. Als Team haben wir einen Feuerlauf gemacht, waren im Polarmeer schwimmen, saßen gemeinsam in einem Hubschrauber, der über Kapstadt flog und vieles, vieles mehr. All diese Aktivitäten haben so viel mehr Spaß und Freude in das Leben eines jeden von uns gebracht, dass wir uns das Leben ohne Network-Marketing weder vorstellen können noch wollen.

Natürlich gibt es auch einige Punkte, die Menschen verunsichern und vor einem Wechsel in diese Branche abschrecken könnten. Auf diese Sorge will ich an dieser Stelle auch sehr gerne eingehen. Mehr als nur einmal habe ich den Einwand gehört, dass man als Selbstständiger im Network-Marketing beim Eintritt ins Rentenalter nicht die gleichen Bezüge zu erwarten hat, wie es beispielsweise eine Person tut, die ein Leben lang angestellt war. Ohnehin schrumpft der Rententopf seit Jahren kontinuierlich weiter. Stimmt, das ist richtig und ich verstehe, dass dies manchen Menschen die Sorgenfalten auf die Stirn treibt. Hierzu will ich aus vollkommener Überzeugung sagen, dass du, wenn du Network-Marketing aus vollem Herzen betreibst und dein persönliches Business aufbaust, gar keine Rente benötigen wirst. Ja, du wirst sogar die Möglichkeit erhalten, den Zeitpunkt zum Ausstieg aus dem Arbeitsleben selbst zu wählen, denn mit der richtigen Einstellung bist du bereits vorher finanziell unabhängig. Network-Marketing ist die perfekte Vorsorge!

Aber damit nicht genug. Es gibt noch eine weitere Besonderheit in dieser Branche, die man wohl in keinem anderen Bereich finden wird. Die Network-Marketings-Accounts sind vererbbar. Richtig gehört, sie gehen auf die Kinder über. Wie du weißt, habe ich drei Kinder. Sollte mir also einmal unglücklicherweise etwas zustoßen, so sind meine Kinder automatisch abgesichert. Wie sieht es bei dir aus? Kannst du deinen Kindern auch eine solche Sicherheit bieten?

„Wenn es nun aber nicht funktioniert? Wie soll ich dann meine Familie und mich ernähren?" Auch darauf will ich eine Antwort geben: Die Angst der meisten Menschen in unseren Breitengraden basiert auf dem tief verwurzelten Mangeldenken. Dieses Denken ist jedoch die eigentliche Ursache, denn es schafft erst den Mangel. Veränderst du jedoch deine Einstellung zum Thema Geld, so wirst du zu einem anderen Menschen werden. Zu einem Menschen, der Geld anzieht. Du wirst nicht mehr in der Kategorie „Mangel" denken und dich nicht mehr vor anderen als großer Schnäppchenjäger präsentieren. Stattdessen wirst du in Fülle denken („Qualität darf kosten"). Wenn du erst einmal das Geiz-ist-geil-Korsett abgelegt hast, beginnt die wirkliche Freiheit für dich. All das hat mich Network-Marketing gelehrt, all das hat mir Network-Marketing bewiesen.

Betrachte ich meinen Tagesablauf, so bin ich weit davon entfernt, eine Balance zwischen Arbeit und Privatleben geschaffen zu haben. Eigentlich mache ich mir darüber auch gar keine Gedanken. Warum? Weil alles für mich eins ist. Da Network-Marketing mir ermöglicht, Zeit, Ort und Umfang meiner Tätigkeit ganz nach meinen Bedürfnissen einzuteilen, verschwimmt es mit meinem Leben und ist einfach ein fester Bestandteil dessen geworden. Zugegeben, es funktioniert vor allem deshalb so perfekt, weil mir meine Tätigkeit unsagbar viel Spaß bereitet und ich sie deshalb gar nicht als Belastung wahrnehmen kann. Wenn beispielsweise mein Telefon klingelt (und dies ist zeitlich ja nicht planbar), so kann es nur ein guter Anruf sein, der meine ohnehin gute Laune noch weiter verbessert. Entweder einer meiner Partner oder Partnerinnen erzählt mir voller Freude von einem neuen

Abschluss oder, dass er/sie eine(n) neue(n) PartnerIn mit in unser Erfolgsboot geholt hat, einen weiteren lieben Menschen, der uns verstärkt und selbst seine Zukunft in die Hand genommen hat. Und irgendwo, tief in mir drin, merke ich den erneuten Anflug von Demut, denn alles das ist die Folge dessen, was ich aufbauen durfte.

Ja, mein Leben ist in allen Belangen eins. Es gibt keine Balance, die ich suchen müsste. Sie ist einfach da, ohne dass ich darauf achte. Deshalb schreckt mich dieses Unwort „Work-Life-Balance" auch regelmäßig ab, wenn ich es als hervorgehobenen Wert eines Unternehmens sehe. Ich will keinen Unterschied zwischen diesen beiden Dingen haben. Es ist mein eines Leben, dass ich nicht unterteilen will – es ist ein großes Ganzes. Und das soll so glücklich wie möglich verlaufen – der Erfolg und das Geld ist bei dieser Einstellung ein beinahe zwangsläufiges, wunderbares Nebenprodukt.

Deine Chance

Wir nähern uns so langsam dem Ende dieses Buches. Bis zu diesem Moment hast du einiges über mich erfahren, hast mich begleitet und gelesen, wie ich es geschafft habe, ohne optimale Startvoraussetzungen mehr zu erreichen, als mir die meisten zugetraut hätten. Aber warum habe ich das überhaupt niedergeschrieben? Wollte ich eine Heldengeschichte an meinem eigenen Beispiel erzählen? Nein, das war es nicht, das wäre nicht mein Stil. Vielmehr liegt der Grund, warum ich mich überhaupt an die Tastatur gesetzt habe, darin, dass ich jede Leserin und jeden Leser darin unterstützen will, den eigenen Weg zu gehen und daran zu glauben, dass jeder erfolgreich sein kann. Dass es jeder schaffen kann. Dass niemand sich einreden lassen soll, dass ihr oder ihm die entsprechenden Voraussetzungen und die notwendigen Talente fehlen. Erfolg ist schließlich kein Gottesgeschenk, sondern das Ergebnis der richtigen Einstellung.

Was kann dieses Buch für dich persönlich bedeuten? Anhand meiner Geschichte hast du gelesen, dass vieles möglich ist, wenn du nur an dich glaubst und dir vertraust. Jeder Mensch hat Selbstzweifel, weiß über seine kleinen (angeblichen) Schwächen Bescheid und sieht sich zuweilen deshalb eingeschränkt und begrenzt. Aber, ganz ehrlich, haben denn die erfolgreichsten Menschen keine Schwächen? Sind sie perfekt und haben es nur deshalb so weit gebracht? Nein, bestimmt nicht. Sie haben Stärken und Herausforderungen wie jeder andere auch – sie haben ihre persönlichen Gegebenheiten lediglich ausgesprochen gut genutzt. Und genau das ist es, was du auch tun solltest. Nutze deine Stärken, stehe zu deiner Einzigartigkeit und mach deine angeblichen Schwächen zu deinem ganz besonderen Alleinstellungsmerkmal.

Vielleicht denkst du dir genau in diesem Moment, dass dies ja viel leichter gesagt als getan wäre. Ja, es erfordert ein gewisses Umdenken und es ist nicht ganz einfach zu befolgen. Aber wenn man wissen will, wie das funktionieren kann, dann sollte man sich als plakatives Beispiel Rowan Sebastian Atkinson alias Mr. Bean ansehen. Nein, er hat nicht die visuellen Voraussetzungen wie George Clooney – und trotzdem kennen ihn genauso viele Menschen als erfolgreichen Schauspieler. Einfach weil er es verstanden hat, sich selbst zu einer Marke aufzubauen. Was hindert dich daran, es ihm gleich zu tun (wobei du dich in diesem Vergleich beileibe nicht als Mr. Bean fühlen solltest 😌)? Warum solltest du das verstecken, was dich von anderen unterscheidet? Nutze es, denn genau das macht dich neben vielen anderen Dingen zu dem besonderen Menschen, der du bist.

Sei dir vor allem aber auch deiner Stärken bewusst. Viele Menschen nehmen diese als gegeben hin, ohne wirklich ihre volle Kraft zu entfalten. Jeder Mensch besitzt sie, diese ganz persönlichen Talente. Und sie sind vollkommen unterschiedlich. Hat jemand ein besonders gutes Verständnis für das Lösen von mathematischen Rechnungen und kann sich dazu auch noch spielerisch einfach Vokabeln und Grammatik merken, so wird ihm dies gewiss in der Schule zugutekommen. Ohne viel Mühe wird er sich hier einige Zweier oder sogar einen Einser auf dem Zeugnis abholen können und ihn freudestrahlend seinen Mitschülern und seinen Eltern präsentieren können. Andere dagegen haben eher Schwierigkeiten, den Satz des Pythagoras zu verstehen und Vokabeln wollen auch mit der größten Mühe nicht in den Gehirnwindungen hängen bleiben. Dafür besitzen sie einen ausgeprägten Wortwitz und fesseln mit ihren Erzählungen sofort alle Umstehenden und sorgen dabei dafür, dass diese sich vor Lachen auf die Schenkel klopfen. Ist einer von beiden höher begabt und im allgemeinen Sinne des Wortes sogar besser? Nein, gewiss nicht, auch wenn unser Mathematik- und Fremdsprachengenie während seiner Schulzeit höchstwahrscheinlich die besseren Schulnoten erzielt, so bedeutet dies noch lange nicht, dass er auch erfolgreicher durchs Leben schreiten wird. Es ist eine reine Frage der Einbringung der eigenen Stärken, wie man seine Erfolgsgeschichte schreiben kann. Das Talent dafür hat jeder – auf die eine oder andere Weise.

Jeder Mensch entwickelt sich im Laufe der Jahre. Schon als Kleinkind nehmen wir jede Erfahrung auf, verarbeiten sie und speichern sie in uns ab. Es ist, als ob wir eine weiße Tafel in uns tragen, die nach und nach mit immer mehr Punkten (Erfahrungen) gefüllt wird. Diese prägen uns, lassen uns lernen und uns weiterentwickeln. Wir reifen unentwegt und sammeln dabei Unmengen von Eindrücken, Erlebnissen und Erfahrungen. Diese formen letztendlich die Person, die wir sind. Aber wie gut kennen wir uns eigentlich? Wenn du dich fragst, wie du dich selbst beschreiben solltest, dann würdest du bestimmt erst einmal ein wenig nachdenken müssen. Und deine Beschreibung könnte durchaus anders aussehen, als die, die andere Personen über dich abgeben würden. Wichtig ist in diesem Zusammenhang, dass du dich selbst offen reflektierst. Du musst einfach die richtigen Fragen stellen, damit du auch ehrliche und hilfreiche Antworten erhältst. Was macht dich aus? Was macht dich besonders? Was kannst du gut? Was ist dein persönliches Alleinstellungsmerkmal? Was hindert dich daran, erfolgreich zu sein? Wie kannst du diesen Punkt umgehen? Es gibt viele Fragen, die du dir selbst stellen kannst und die – wenn du sie dir ehrlich beantwortest – deine ganz persönlichen Besonderheiten zum Vorschein bringen werden.

Wenn du dich daran machst, dich selbst besser kennenzulernen, dann solltest du eine Sache berücksichtigen: Gehe nicht zu hart mit dir selbst ins Gericht. Du solltest dich niemals klein oder sogar schlecht machen. Dafür gibt es keinen Grund. Beobachte dich im Spiegel und beobachte dich mit Freude, lächle dich an und sei froh, dass du bist, wie du bist. Sei stolz auf dich und vor allem – glaube an dich! Selbstzweifel haben hier keinen Platz. Fällt es dir schwer, deinen eigenen Wert zu erkennen oder ihn zu akzeptieren, so stelle dir einfach einen schönen Ring vor, ein Erbstück eines lieben Menschen, der dir sehr am Herzen liegt. Er besitzt seinen Wert, sowohl für dich als auch als schönes Schmuckstück. Macht es da einen Unterschied, ob er in einer goldenen Schatulle aufbewahrt oder gerade von dir getragen wird? Verliert er an Wert, wenn er nicht auf einem Samtkissen, sondern auf der alten Holzkommode im Flur gelagert wird? Bedeutet er dir weniger, wenn er nicht anderen Leuten stolz präsentiert wird und du ihn stattdessen in einer ruhigen Minute auf dem Sofa zu Hause glücklich betrachtest? Nein, es ist immer der gleiche Ring mit seinem gleichbleibenden Wert. Ebenso wie du ein Mensch bist, der wertvoll ist und dessen Wert sich weder durch Kleidung noch die Meinung anderer Menschen jemals ändert.

Hast du erst einmal den Schritt geschafft, dich selbst zu akzeptieren, dann hast du es bereits sehr weit geschafft. Du bist an einem Punkt angelangt, an welchem du dich besser kennengelernt hast, dich besser einschätzen kannst und – hoffentlich – auch mehr liebst, als du es zuvor getan hast. Wissenschaftlich würde man dies als abgeschlossene Ist-Analyse bezeichnen. Immerhin tun dies die meisten Menschen erst gar nicht, sei es aus Desinteresse oder Angst. Da bist du weiter und diesen Vorsprung gilt es zu nutzen. Jetzt ist es an der Zeit, ans Werk zu gehen und die eigene Zukunft selbst in die Hand zu nehmen. Nutze das, was du gelernt hast, nutze deine Einzigartigkeit und schreibe deine eigene Geschichte. Wenn du erst einmal bewusst angefangen hast, dich selbst zu (er)kennen und dich selbst zu lieben, dann öffnen sich wie von alleine Türen, die du zuvor nicht einmal gesehen hast. Nun solltest du in vollem (Selbst)Bewusstsein, mit Energie und Überzeugung die Entscheidung treffen, dass du erfolgreich werden willst.

Es mag von nun an passieren, dass sich dein ganzes Leben umkrempelt. Ein erschreckender Gedanke? Vielleicht für einige Menschen, die Angst haben, ihre Komfortzone zu verlassen. Nicht aber für dich. Du stehst jetzt vor der Wahl, zu den Menschen zu gehören, über die man sagt: „Das Leben hat seine untrüglichen Spuren in seinem Gesicht hinterlassen" oder „Er hat dem Leben seinen Stempel aufgedrückt." Triff deine Entscheidung! Alles liegt in deiner Hand, alles bestimmst du selbst.

An diesem Punkt zeigt sich häufig, dass die Erkenntnis, dass man sein Leben ändern und endlich erfolgreich werden will, unweigerlich zu der Frage führt: „Verbringe ich meine Zeit wirklich mit dem, womit ich sie tatsächlich verbringen will?" Und wenn du über Zeit sprichst, dann sprichst du auch über die Arbeit, die du tagtäglich verrichtest. Du fragst dich, ob du wirklich jeden Tag für ein vorgeschriebenes Minimum von acht oder sogar mehr Stunden dem folgst, was dir entspricht, Spaß macht und dir Erfüllung verschafft. Oder ist es lediglich eine Methode, deine Grundbedürfnisse abzudecken und das Geld zu verdienen, dass du für den Rest der Tage (nach der Arbeit und am Wochenende) benötigst? Du solltest offen und ehrlich mit dir umgehen, wenn du dir diese Frage beantwortest. Wenn das Ergebnis deiner Überlegungen sein sollte, dass du nicht zufrieden bist, so sollte dir auch bewusst sein, dass du dieses Ungleichgewicht als Folge deiner Unzufriedenheit ändern solltest. Und auch das liegt in deiner Hand. Schließlich kann dich kein Mensch zwingen, das zu tun, was du nicht tun willst. Du kannst selber nach einem Arbeitgeber Ausschau halten, der dir entspricht. Erinnerst du dich, wie ich mein Partnerunternehmen fand, bei dem ich glücklich wurde und das mir den Weg zum Erfolg geebnet hat? Ich habe nicht danach gesucht, welche Firmen gerade neue Mitarbeiter rekrutieren wollten, sondern ich habe meine Prioritäten, meine Wünsche und Vorstellungen definiert und diese dann als Bedingung für meine Suche festgelegt. Denn darum geht es schließlich: Du bist das Wichtigste, du entscheidest, was du willst.

Hast du erst einmal das perfekte Network-Marketing-Partnerunternehmen gefunden, das alles erfüllt, was du dir auf deinem persönlichen Wunschzettel notiert hast, so steht deiner glücklichen Zukunft nichts mehr im Weg – wenn du bereit bist, dieses Geschenk auch wirklich anzunehmen und dafür zu arbeiten. Wenn du verstehst, dass dein persönliches Glück immer auch in Zusammenhang damit steht, dass du andere Menschen auf dem Weg zu ihrem Erfolg unterstützt, so bist du auf dem bestmöglichen Weg. Und es lohnt, sich hin und wieder ins Bewusstsein zu rufen, was man durch diese selbstbestimmte Suche nach dem bestmöglichen Partnerunternehmen alles dazugewonnen hat: Dir sagen sowohl die Produkte als auch die Unternehmensphilosophie zu, du kannst selbst bestimmen, wann und von wo du arbeitest, deine Arbeit stellt eine Ergänzung und kein Kontrastprogramm zu deinem Familienleben dar und du hast die besten Möglichkeiten, frei und unabhängig zu werden. Außerdem triffst du hier viele wunderbare Menschen, die den gleichen Traum verwirklichen, wie du es tust – und das miteinander statt gegeneinander. Obendrein bleibst du trotzdem immer du selbst, darfst jedoch deine Kenntnisse und Fähigkeiten immer weiter entwickeln. Im Laufe der Zeit wirst du die beste Version deiner Selbst werden.

Sollte es etwas längere Zeit in Anspruch nehmen, bis du das passende Unternehmen für dich gefunden hast, so stellt das überhaupt kein Problem dar. Suche lieber ein wenig länger, um den richtigen Partner an deiner Seite zu finden. Bleib so lange dran, bis du es geschafft hast. Es lohnt sich allemal!

Hier zeigt sich ein weiterer Aspekt, der unabdingbar für deinen Erfolg ist. Dranbleiben! Irgendwann funktioniert es. Überraschenderweise können wir dies von den Kleinsten lernen, denn wenn wir Menschen nicht die Fähigkeit in uns tragen würden, Dinge beharrlich zu probieren und zu wiederholen, dann würden wir noch heute über den Boden kriechen. Das glaubst du nicht? Dann beobachte doch einmal ein Kind, wenn es die ersten Lebensmonate hinter sich gebracht hat und ebenso wie alle anderen auf zwei Beinen gehen will. Zu Beginn, und das kann sich eine ganze Weile hinziehen, fällt es mir nichts, dir nichts, wieder auf den Boden. Po voraus, abgehakt, neuer Versuch. Irgendwann entdeckt das Kleinkind, dass man sich hochziehen kann, und zwar an allem, was von den Eltern nicht rechtzeitig in Sicherheit gebracht wurde. Auch hier enden die ersten Versuche mit an Sicherheit grenzender Wahrscheinlichkeit wieder auf dem Hosenboden. Das wissen wir als Erwachsene (und würden in der gleichen Situation vielleicht frustriert aufgeben). Was aber macht das Kind? Es probiert weiter und weiter – bis es irgendwann klappt. Nach den unweigerlich folgenden ersten Erfolgserlebnissen versucht es den ersten Schritt zu gehen, dann den zweiten, dann den Weg zur nächsten „Haltemöglichkeit". Nur selten, wenn überhaupt, ist es frustriert oder spielt mit dem Gedanken, diese ganze Idee mit dem selbständig-Gehen ein für allemal über den Haufen zu werfen. Nein, im Gegensatz zu vielen Erwachsenen bleibt es so lange dran, bis es klappt.

Lass uns die Kinder zum Vorbild nehmen. Auch wir können es schaffen, große Dinge zu bewegen, wenn wir beharrlich daran arbeiten. Es kann eben nicht alles beim ersten Mal funktionieren.

Zum Abschluss würde ich dir gerne noch einen kleinen Ratschlag mitgeben, der dir das Leben leichter machen soll: Halte Dinge einfach, mache nichts komplizierter, als es ist. Das meiste auf dieser Welt ist relativ simpel aufgebaut, dies bezieht sich ebenso auf das Miteinander wie auch auf die meisten Sachverhalte, mit denen wir tagtäglich zu tun haben. Wenn du sie dir genau anschaust, dann wirst du sehen, dass sie ausgesprochen unkompliziert in ihrer Natur sind – und genauso solltest du auch damit umgehen. Das beste Beispiel hierfür ist die Sprache. Sicher kannst du einigen Poesie-liebenden Mitmenschen imponieren, wenn du deinen Blick in die Höhe richtest und schwärmst: „Das sich vor uns in Endlosigkeit erstreckende Himmelszelt ist von einer seichten, pastellfarbigen, unbenennbar kühlen und zugleich warmen Farbkombination übermalt, die den Wassermassen gleicht." Wahrscheinlich würdest du jedoch wesentlich mehr Verständnis der anderen erhalten, wenn du einfach sagen würdest: „Der Himmel ist blau."

Mein Tipp
Keep it simple!
Willst du, dass andere dich wirklich hören und dir folgen,
so gib ihnen die Möglichkeit, dich zu verstehen.

Du wirst deinen Weg gehen. Und wenn dieses Buch dich dabei ein klein wenig unterstützt hat, dir Inspiration und wertvolle Tipps mit auf deine Reise geben konnte, so ist es mir eine große Freude, ein wertvoller Beitrag für dich gewesen sein zu dürfen.

Vielleicht möchtest auch DU in deinem Leben einen Unterschied machen – frei nach dem Motto „Make a difference".

In diesem Sinne

Deine
Tanja Doboczky

Du hast die Toolbox für Deinen Erfolg vollständig gefüllt. Dazu will ich dir gratulieren! Hier findest du deine Werkzeuge für eine freie und erfolgreiche Zukunft auf einen Blick:

Vertrauen

Vertraue darauf, dass es mehr für dich im Leben gibt und dass Network-Marketing auch für dich funktionieren kann.

Motiv

Damit du richtig loslegen kannst, brauchst du ein starkes Motiv, das dich in Bewegung bringt.

Entscheidung

Alles beginnt mit einer klaren Entscheidung. Für ein klares Ziel. Und gegen Ablenkungen.

Durchhalten

Menschen überschätzen, was sie kurzfristig erreichen können, unterschätzen jedoch, was langfristig möglich ist.

Planung

Planung gibt dir Sicherheit und Orientierung. Wenn du deinen Erfolg planst, kommst du viel leichter ans Ziel.

Stay tuned

Dranbleiben ist einer der wichtigsten Erfolgsfaktoren im Network-Marketing. Mach dein Ding so lange, bis es für dich funktioniert.

Danke sagen

„Danke sagen" ist eines der schönsten Dinge im Leben. Es ist ein Geschenk, denn man sagt den Menschen Danke, die einen unterstützt haben, die einem geholfen und weitergebracht haben. Und es ist auch eine Möglichkeit, sich bewusst zu machen, wer einem alles ermöglicht hat. Und hier will ich mich an erster Stelle und aus tiefstem Herzen bei meinem Partnerunternehmen bedanken. Ich will Danke sagen für die visionäre Idee und das Pionierdenken und -handeln, dass dieses Unternehmen groß gemacht hat und bis heute ausmacht. Darüber hinaus ist es mir ein inniges Bedürfnis, in diesem Zusammenhang auch den Mut der Verantwortlichen hervorzuheben, die Verbreitung der veganen Pflegeprodukte und Vitalstoffe über Network-Marketing zu verwirklichen. Dadurch wurde vielen Menschen die Chance auf ein wunderbares, selbstbestimmtes und unabhängiges Leben eröffnet.

Ein spezieller Dank gilt auch meiner gesamten Upline, die mir stets mit ihrem beeindruckendem Pioniergeist imponiert hat. Jede einzelne von ihnen geht als inspirierendes Vorbild voran und beweist immer wieder aufs Neue, wie Menschlichkeit und Teamgedanke als Basis für Erfolg dienen können. Und, natürlich, verdient ganz im Besonderen mein wunderbares Team meine tief empfundene Dankbarkeit, denn jeder von ihnen macht in seiner Einzigartigkeit und Wahrhaftigkeit einen großen Unterschied sowohl in seinem Leben sowie auch im Leben vieler anderer Menschen. Ich bin so stolz auf dieses Team, in dem jeder auf seine individuelle Weise eine Bereicherung für unsere verschworene Community darstellt.

Auch gilt meine Danksagung allen weiteren PartnerInnen in unserem Unternehmen, die sogenannten Cross- und Sidelines, für das phantastische Miteinander unter uns allen und für das tiefe Verständnis, dass wir gemeinsam wunderbare Dinge erreichen und bewegen können.

Und dann gibt es die besonderen Menschen, die den persönlichen Lebensweg verändert und in eine bessere Richtung gelenkt haben. Einer dieser wunderbaren Menschen ist meine Mentorin Ingeborg Steiner. Sie schaffte es, mich für ihr Team zu gewinnen, ohne dass sie bewusst etwas dafür getan hätte. Allein das beweist schon, was für ein außergewöhnlicher Mensch sie ist und welch mental starke Energie und Anziehungskraft von ihr ausgeht. Durch unsere berufliche Verbindung wurde in den vielen zurückliegenden Jahren aus einer losen Bekanntschaft eine ausgesprochen innige Freundschaft, für die ich unglaublich dankbar bin. Ingeborg war mir beruflich und auch privat in den letzten Jahren immer eine mentale Stütze und so wurde sie einer der wichtigsten Menschen in meinem Leben. Noch immer sind unsere Gespräche getragen von einer tiefen Verbundenheit, aufrichtig empfundener Wertschätzung und ehrlicher Freundschaft.

Ingeborg gehört zu den Menschen, die anders sind, als man selbst es ist, und mit denen man gerade deshalb zusammenpasst wie zwei aufeinander abgestimmte Puzzleteile. Unsere beiden Leben haben sich durch Network-Marketing in eine wunderbare Richtung verändert, denn meine aktive Erfolgsgeschichte hat natürlich auch ihr Leben wesentlich beeinflusst. Ingeborg, ein Mensch, der eher ruhig im Hintergrund agiert, steht bewusst nicht gerne in der ersten Reihe. Doch gerade Ihre Fähigkeit zuzuhören und da zu sein, wenn man sie braucht, ist sowohl für mein Team als auch für mich eine unglaubliche Bereicherung. Jeder, der einmal das Glück hatte, mit ihr ein Vier-Augen-Gespräch führen zu dürfen, geht gestärkt und glücklich aus diesem hervor.

Ganz im Speziellen möchte ich an dieser Stelle meinem Mann Christof danken, der mich vor und nach der Geburt meines dritten Kindes in meiner Entscheidung, mich voll und ganz auf Network-Marketing zu konzentrieren, zu 100% unterstützt und bestärkt hat. Auch in den darauffolgenden Jahren hat er niemals mein Denken oder Handeln in Frage gestellt, im Gegenteil, er war immer voll und ganz an meiner Seite. Viele Abende und Stunden haben wir diskutiert und philosophiert, wobei ich alle meine Überlegungen und Planungen mit ihm besprechen und mir wertvolles Feedback von ihm holen konnte. Seine weitreichende Kompetenz im systemischen Coaching hat mir wertvolle Unterstützung zur Führung meines Teams gebracht.

Und Christof hat noch viel mehr geleistet: Er hatte auch immer ein offenes Ohr für meine TeampartnerInnen. Während unserer Veranstaltungen und auf speziellen Seminaren, die wir gemeinsam anbieten, unterstützt und coacht er mein Team. Dabei macht ihn vor allem seine Offenheit und sein Talent, in jedem und allem das Positive zu sehen, zu einem Magneten für andere Menschen. Ohne ihn wäre ich heute nicht da, wo ich bin. Wir ergänzen uns als Paar in all unserer Unterschiedlichkeit, und für mein Team ist genau unser beider „SEIN" ein sehr wertvoller Beitrag. Auf dem Weg zu meinem Erfolg war er auch immer ein starker Ehemann im Hintergrund, der während den Zeiten meiner Abwesenheiten (Abendveranstaltungen, Leadershiptrainings, Auslandsaufenthalte, etc..) die Familie mit unseren drei Kindern liebevoll betreut und perfekt gemanagt hat.

Ich bin froh, stolz und unsagbar glücklich, einen Menschen wie ihn an meiner Seite haben zu dürfen, denn er vereint all das in sich, was ich mir von einem Lebenspartner erträumt habe.

Liebe auf den zweiten Blick